ま え が き

　本書は，「電気回路」を効果的にトレーニング学習できるよう，つぎの点に留意して編集しました。

（1）　各小単元ごとに「トレーニングのポイント」を設けて要点をまとめてあります。練習問題は，「ステップ1」として，空白記入問題などによって基本的な事柄の理解を確かめ，「ステップ2」として計算問題，記述問題によって理解を確実にし，「ステップ3」として発展問題を配列しました。

（2）　重要な問題は，「例題」として取り上げ，丁寧な解説を加えて解答例を示しました。

（3）　必要に応じて問題解決のためのヒントを示し，余白を設けて，書き込みできるよう工夫しました。

　本書はコロナ社版工業高等学校検定教科書「電気回路（上）」の単元配列に従って編集してあります。この教科書を使用される皆さんには大変使いやすく，また，他の教科書を使用している皆さんにも学習効果が上がるものと確信しています。さらに，電気・電子系の各種国家試験，資格試験などの受験用にも活用できます。

　本書の編集の意図をよく理解されて，有効に活用されることを念願いたします。

　2021 年 7 月

　　　　　　　　　　　　　　　　　　　　　　　　　　　著 者 一 同

JN049064

目　　　次

電気回路（下）トレーニングノート 目次

1 電気回路の要素

1.1 電流と電圧

トレーニングのポイント

① **電気回路**　電流の通路を電気回路といい，電気エネルギーを供給する源を電源，エネルギーを消費するものを負荷という。抵抗は負荷の一種である。

② **電流**　導体中の電流 I〔A〕は，t 秒間に Q〔C〕の電荷が移動したとき

$$I = \frac{Q}{t} \text{〔A〕}$$

③ **電圧**　電流を流し続ける力を電圧という。

④ **抵抗**　抵抗は電流の流れにくさを表し，エネルギーを消費する負荷の一つである。

⑤ **オームの法則**　抵抗 R〔Ω〕に電圧 V〔V〕を加えたとき，流れる電流 I〔A〕は

$$I = \frac{V}{R} \text{〔A〕}$$

⑥ **起電力**　電位差を生じさせる力を起電力という。

◆◆◆◆◆ ステップ 1 ◆◆◆◆◆

□ **1** つぎの文の（　　）に適切な語句や記号を入れなさい。

（1）電気回路において，乾電池のように電気エネルギーを送り出す源を（　　）①，豆電球のように電源からエネルギーを受け，それを消費するものを（　　）②と呼ぶ。

（2）電気が発生する現象は，（　　）①の存在による。①は，（　　）②電荷と（　　）③電荷の2種類がある。同種の①はたがいに（　　）④し，異種の①はたがいに（　　）⑤する性質がある。

（3）原子は，（　　）①と（　　）②からできており，②は①の周りの軌道上を回っている。また原子核は，（　　）③の電荷を持ち，電子は（　　）④の電荷を持っており，これらがたがいに打ち消し合い，原子としては電気的に（　　）⑤となっている。

（4）電流は，電位の（　　）①いところから（　　）②いところへと流れる。この電位の差を（　　）③または（　　）④という。

（5）　電気抵抗は，電流の流れ（　　　）①を表している。単に（　　　）②ともいう。

（6）　電流は電圧に（　　　）①し，抵抗に（　　　）②する。これを一般に（　　　）③の法則と呼び，$I=$（　　　）④で表される。また，この式を変形すると，$V=$（　　　）⑤，$R=$（　　　）⑥となる。

□ **2**　表1.1を完成させなさい。

表1.1

量	量記号	単位記号	単位の名称
電荷（電気量）	①	②	③
電　圧 電　位 電位差	④	⑤	⑥
電　流	⑦	⑧	⑨
起電力 電源電圧	⑩	⑪	⑫
抵　抗	⑬	⑭	⑮

□ **3**　つぎの量を〔　〕の単位に換算しなさい。

（1）　$30\,\text{mA}=$（　　　）〔A〕

（2）　$1\,300\,\text{V}=$（　　　）〔kV〕

（3）　$200\,\mu\text{A}=2\times10^{(\quad)}$〔A〕

（4）　$30\,000\,\Omega=$（　　　）〔kΩ〕

（5）　$0.03\,\text{M}\Omega=$（　　　）〔kΩ〕

（6）　$0.005\,\text{V}=$（　　　）〔mV〕

（7）　$23\,000\,\text{A}=2.3\times10^{(\quad)}$〔A〕

（8）　$3.2\times10^5\,\text{V}=$（　　　）〔kV〕

（9）　$2.5\,\text{M}\Omega=2.5\times10^{(\quad)}$〔Ω〕

（10）　$0.3\,\text{A}=3\times10^{(\quad)}$〔A〕

◆◆◆◆◆ ステップ 2 ◆◆◆◆◆

例題 1

導線中を1Aの電流が流れているとき，1秒間に導線のある断面を移動した自由電子の数を求めなさい。ただし，電子1個の電荷は$1.60\times10^{-19}\,\text{C}$とする。

解答

n個の電子が集まったときの電荷は $Q=1.60\times10^{-19}\times n$ となる。

また，$I=\dfrac{Q}{t}$ から

$$Q=It \qquad 1.60\times10^{-19}\times n=It$$

$$\therefore \quad n=\frac{It}{1.60\times10^{-19}}=\frac{1\times1}{1.60\times10^{-19}}=6.25\times10^{18}\,\text{個}$$

□ **1**　5秒間に15Cの電荷が移動したときの電流 I〔A〕を求めなさい。

$$I = \frac{Q}{t}$$

〔答〕　$I=$ _____

□ **2**　導線に5mAの電流が流れている。このとき，導線のある断面を0.2Cの電荷が移動するのにかかる時間 t〔s〕を求めなさい。

$$t = \frac{Q}{I}$$

〔答〕　$t=$ _____

□ **3**　導線に2Aの電流が流れている。導線のある断面を10秒間に移動した電荷 Q〔C〕を求めなさい。また，そのときの自由電子の数 n を求めなさい。

ヒント！
$$Q = It$$
$$n = \frac{Q}{1.60 \times 10^{-19}}$$

〔答〕　$Q=$ _____

$n=$ _____

□ **4**　図1.1のように電源が接続されているとき，つぎの問に答えなさい。

図1.1

（1）　各端子の電位 V_1, V_2, V_3, V_4〔V〕を求めなさい。

〔答〕　① $V_1=$ _____　② $V_2=$ _____

③ $V_3=$ _____　④ $V_4=$ _____

（2）　①-③間，①-④間および②-④間の電位差 V_{13}, V_{14}, V_{24}〔V〕
　　を求めなさい。

答　$V_{13} =$ ＿＿＿＿＿＿＿＿＿＿＿＿

$V_{14} =$ ＿＿＿＿＿＿＿＿＿＿＿＿

$V_{24} =$ ＿＿＿＿＿＿＿＿＿＿＿＿

□ **5**　50 Ω の抵抗の両端につぎのような電圧を加えたとき，抵抗 R に流れ
る電流 I〔A〕を求めなさい。

（1）　5 V　　（2）　1 V　　（3）　100 V　　（4）　2 000 V

ヒント！
オームの法則
$I = \dfrac{V}{R}$

答　（1）　$I_1 =$ ＿＿＿＿＿＿＿　　（2）　$I_2 =$ ＿＿＿＿＿＿＿

（3）　$I_3 =$ ＿＿＿＿＿＿＿　　（4）　$I_4 =$ ＿＿＿＿＿＿＿

□ **6**　ある抵抗 R の両端に 10 V の電圧を加えたとき，つぎのような電流
が流れた。抵抗 R〔Ω〕を求めなさい。

（1）　50 µA　　（2）　20 mA　　（3）　5 A　　（4）　40 A

ヒント！
オームの法則
$R = \dfrac{V}{I}$

答　（1）　$R_1 =$ ＿＿＿＿＿＿＿　　（2）　$R_2 =$ ＿＿＿＿＿＿＿

（3）　$R_3 =$ ＿＿＿＿＿＿＿　　（4）　$R_4 =$ ＿＿＿＿＿＿＿

□ **7**　125 Ω の抵抗につぎのような電流が流れたとき，抵抗の両端に加え
た電圧 V〔V〕を求めなさい。

（1）　80 µA　　（2）　50 mA　　（3）　1.2 A　　（4）　20 A

ヒント！
オームの法則
$V = RI$

答　（1）　$V_1 =$ ＿＿＿＿＿＿＿　　（2）　$V_2 =$ ＿＿＿＿＿＿＿

（3）　$V_3 =$ ＿＿＿＿＿＿＿　　（4）　$V_4 =$ ＿＿＿＿＿＿＿

◆◆◆◆◆ ステップ 3 ◆◆◆◆◆

□ **❶**　図 **1.2** において，$V_0 = 30\,\text{V}$，$R_1 = 500\,\Omega$，$R_2 = 750\,\Omega$，$R_3 = 250\,\Omega$ とする。$I = 20\,\text{mA}$ が流れたとき，つぎの問に答えなさい。

図 1.2

（1）　a–b 間の電圧降下 V_1〔V〕を求めなさい。

$\boxed{答}$　$V_1 =$ _____

（2）　b–c 間の電圧降下 V_2〔V〕を求めなさい。

$\boxed{答}$　$V_2 =$ _____

（3）　c–d 間の電圧降下 V_3〔V〕を求めなさい。

$\boxed{答}$　$V_3 =$ _____

1.2 電 気 抵 抗

トレーニングのポイント

① **抵抗率**　電流の流れにくさを表しており，長さ1m，断面積 $1\,m^2$ の導体の抵抗値をいう。ρ 〔$\Omega\cdot m$〕で表す。

② **導体の抵抗**　抵抗率 ρ 〔$\Omega\cdot m$〕，長さ l 〔m〕，断面積 A 〔m^2〕の導体の抵抗 R 〔Ω〕は

$$R = \rho \frac{l}{A} \ \text{〔}\Omega\text{〕}$$

③ **導電率**　電流の流れやすさを表しており，長さ1m，断面積 $1\,m^2$ の導体のコンダクタンスをいい，σ 〔S/m〕で表す。抵抗率の逆数である。

$$\sigma = \frac{1}{\rho} \ \text{〔S/m〕}$$

④ **抵抗温度係数**　温度が1℃上昇するごとに抵抗が変化する割合をいい，記号 α 〔$℃^{-1}$〕で表す。t 〔℃〕のときの導体の抵抗が R_t 〔Ω〕であり，その抵抗温度係数 α_t がわかれば，T 〔℃〕になったとき R_T 〔Ω〕は

$$R_T = R_t\{1 + \alpha_t(T - t)\} \ \text{〔}\Omega\text{〕}$$

◆◆◆◆◆ ステップ 1 ◆◆◆◆◆

□ **1** つぎの（　　）に適切な語句や記号を入れなさい。

（1）　導体の抵抗は，長さに（　　　　）①し，断面積に（　　　　　）②する。また，抵抗は，物質によって，その値が異なる。長さ1m，断面積 $1\,m^2$ の導体の抵抗値を（　　　　　）③といい，単位に（　　　　　）④，単位記号に（　　　）⑤を用いる。

（2）　電流の流れやすさを表したもので，抵抗率の逆数を（　　　　）①という。

□ **2** 表1.2のカラーコード表を完成させなさい。

表1.2

色	なし	桃色	銀色	金色	黒	茶色	赤	だいだい	黄	緑	青	紫	灰色	白
有効数字	—	—	—	—	①	②	③	④	⑤	⑥	⑦	⑧	⑨	⑩
10のべき乗	—	10^{-3}	①	②	③	④	⑤	⑥	⑦	⑧	⑨	⑩	⑪	⑫

◆◆◆◆◆◆ **ステップ 2** ◆◆◆◆◆◆

□ **❶**　抵抗率が $1.75 \times 10^{-2}\,\Omega\cdot\mathrm{mm}^2/\mathrm{m}$，断面積が $0.5\,\mathrm{mm}^2$，長さが $2\,\mathrm{m}$ の軟銅線の抵抗 $R\,[\Omega]$ を求めなさい。

> **ヒント**❗
>
> $$R = \rho\frac{l}{A}$$
>
> $A\,[\mathrm{mm}^2]$ で計算するときの ρ の単位は $\Omega\cdot\mathrm{mm}^2/\mathrm{m}$

答 $R =$ _____

□ **❷**　直径 $0.5\,\mathrm{mm}$ の導体について，つぎの問に答えなさい。

（1）　長さ $5\,\mathrm{m}$ の導体の抵抗値が $1.5\,\Omega$ のとき，抵抗率 $\rho\,[\Omega\cdot\mathrm{m}]$ を求めなさい。

> **ヒント**❗
>
> （1）
> $$\rho = \frac{RA}{l}$$
> （2）
> $$l = \frac{RA}{\rho}$$

答 $\rho =$ _____

（2）　この導体を使って，$8\,\Omega$ の抵抗を作るのに必要な長さ $l\,[\mathrm{m}]$ を求めなさい。

答 $l =$ _____

□ **❸**　つぎの電線のパーセント導電率 $\dfrac{\sigma}{\sigma_s} \times 100$ を求めなさい。

（1）　$\rho = 9.8 \times 10^{-8}\,\Omega\cdot\mathrm{m}$ の鉄線

（2）　$\rho = 2.83 \times 10^{-8}\,\Omega\cdot\mathrm{m}$ のアルミ線

（3）　$\rho = 1.80 \times 10^{-8}\,\Omega\cdot\mathrm{m}$ の硬線

（4）　$\rho = 1.75 \times 10^{-8}\,\Omega\cdot\mathrm{m}$ の軟銅線

> **ヒント**❗
>
> パーセント導電率とは，国際標準銅の導電率 $\sigma_s = 5.8 \times 10^7\,\mathrm{S/m}$ を基準にして，ある導体の導電率 σ との比を百分率で表したものである。
> ただし，本問では導電率の逆数である抵抗率 ρ が与えられている。抵抗率からパーセント導電率を求めるには，国際標準銅の抵抗率 ρ_s を使って
> $$\frac{\sigma}{\sigma_s}\times100 = \frac{\rho_s}{\rho}\times100$$
> $$\rho_s = 1/\sigma_s$$
> $$= 1.72 \times 10^{-8}\,\Omega\cdot\mathrm{m}$$

答　（1）_____　（2）_____

　　（3）_____　（4）_____

□ **4** 20℃において 10 Ω の軟銅線がある。60℃のときの抵抗値 R_{60}〔Ω〕を求めなさい。ただし，20℃における抵抗温度係数は 0.0039℃$^{-1}$ とする。

ヒント！
T〔℃〕のときの抵抗 R_{60}〔Ω〕は
$R_{60} = R_{20}\{1 + \alpha_{20}(T - t)\}$

〔答〕 $R_{60} =$ _____

◇◇◇◇◇◇ ステップ 3 ◇◇◇◇◇◇

□ **1** ある導体の抵抗について，つぎの問に答えなさい。

(1) 断面積を 2 倍にし，長さを $\frac{1}{2}$ 倍にしたときの抵抗値は，もとの抵抗値の何倍かを求めなさい。

ヒント！
$R = \rho \dfrac{l}{A}$ から
(1)
$A \rightarrow 2A$
$l \rightarrow \dfrac{1}{2}l$
(2)
$A = \pi \left(\dfrac{D}{2}\right)^2$

〔答〕 _____

(2) 長さを 2 倍にし，直径を $\frac{1}{2}$ 倍にしたときの抵抗値は，もとの抵抗値の何倍かを求めなさい。

〔答〕 _____

□ **2** ある導線の抵抗を測ったら，20℃では 5250 Ω，30℃では 5460 Ω であった。つぎの問に答えなさい。

(1) この導体の 20℃のときの抵抗温度係数 α_{20}〔℃$^{-1}$〕を求めなさい。

〔答〕 $\alpha_{20} =$ _____

(2) この導体の 50℃のときの抵抗 R_{50}〔Ω〕を求めなさい。

〔答〕 $R_{50} =$ _____

1.3 静 電 容 量

トレーニングのポイント

① **コンデンサ** 電荷を蓄えることができる素子で, 電子機器や電気機器などに広く使用されている。

② **コンデンサの構造** 2枚の電極板の間に絶縁体 (誘電体) をはさんだ構造になっている。

③ **静電容量** コンデンサに蓄えられる電荷 Q 〔C〕と電極間の電圧 V 〔V〕は比例し, 比例定数 C をコンデンサの静電容量という。

$$Q = CV 〔C〕$$

◇◇◇◇◇ ステップ 1 ◇◇◇◇◇

□ **1** つぎの文の (　　) に適切な語句や記号, 数値を入れなさい。

(1) コンデンサに蓄えられる電荷 Q 〔C〕と電極間の (　　)① は比例する。このときの比例定数を (　　)② といい, 量記号に (　　)③, 単位に (　　)④, 単位記号に (　　)⑤ を用いる。

(2) コンデンサの静電容量は, (　　)① および (　　)② に比例し, (　　)③ に反比例する。

□ **2** 図1.3 において, 静電容量 C 〔F〕を求めなさい。

(1)　　　　　　　(2)　　　　　　　(3)

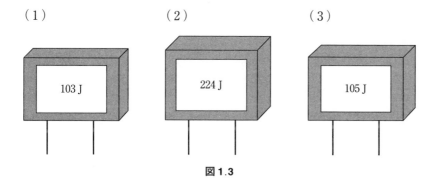

（1）103 J　　（2）224 J　　（3）105 J

図1.3

答 (1) $C=$ ＿＿＿＿＿＿

(2) $C=$ ＿＿＿＿＿＿

(3) $C=$ ＿＿＿＿＿＿

□ **3**　図 **1.4** において，コンデンサに蓄えられる電荷 Q〔C〕を求めなさい。

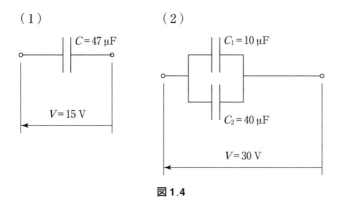

（1）　　　　　　　　　　　（2）

$C = 47\,\mu\text{F}$

$V = 15\,\text{V}$

$C_1 = 10\,\mu\text{F}$

$C_2 = 40\,\mu\text{F}$

$V = 30\,\text{V}$

図 1.4

〔答〕（1）$Q =$ ＿＿＿＿＿＿　（2）$Q =$ ＿＿＿＿＿＿

◆◆◆◆◆　ステップ　2　◆◆◆◆◆

□ **1**　つぎの問に答えなさい。

ヒント！
$Q = CV$

（1）　$C = 15\,\mu\text{F}$ のコンデンサに 6 V を加えたときに蓄えられる電荷 Q〔μC〕はいくらか。

（2）　$C = 6\,\mu\text{F}$ のコンデンサに $48\,\mu$C の電荷が蓄えられているときの端子電圧 V〔V〕はいくらか。

（3）　$V = 150\,\text{V}$ を加えたとき $Q = 300\,\mu$C の電荷が蓄えられた。このコンデンサの静電容量 C〔μF〕はいくらか。

〔答〕（1）$Q =$ ＿＿＿＿　（2）$V =$ ＿＿＿＿　（3）$C =$ ＿＿＿＿

1.4　インダクタンス

トレーニングのポイント

①　自己誘導起電力の大きさ　　コイルに流れる電流が変化すると，コイル自身を貫くように磁束が発生する。その磁束を妨げる向きに自己誘導起電力が生じる。この現象を自己誘導という。自己誘導起電力 e 〔V〕の大きさは，コイルの電流が時間 Δt〔s〕の間に ΔI〔A〕だけ変化したとすると

$$e = -L\frac{\Delta I}{\Delta t} \ \text{〔V〕}$$

で表される。この比例定数 L を自己インダクタンスといい，単位にヘンリー（単位記号 H）を用いる。

②　誘導起電力とコイルの巻数　　巻数が N のコイルを貫く磁束が，Δt〔s〕の間に $\Delta \Phi$〔Wb〕だけ変化したときの誘導起電力 e〔V〕は

$$e = -N\frac{\Delta \Phi}{\Delta t} \ \text{〔V〕}$$

③　自己インダクタンスとコイルの巻数　　巻数が N のコイルに流れる電流を I〔A〕，そのとき生じる磁束を Φ〔Wb〕とすると，自己インダクタンス L は

$$L = \frac{N\Phi}{I} \ \text{〔H〕}$$

◆◆◆◆◆ ステップ 1 ◆◆◆◆◆

□ **1**　つぎの文の（　　　）に適切な語句を入れなさい。

（1）　コイルに流れる電流が変化すると，コイル自身を貫くように磁束が発生する。その磁束を（　　　）①向きに起電力が生じる。この現象を（　　　）②といい、このとき生じる起電力を（　　　）③という。この起電力の大きさは，コイルに流れる電流の時間的な変化の割合に（　　）④する。その比例定数を（　　　　）⑤という。単位記号に（　）⑥を用いる。

（2）　コイルを貫く磁束が Δt〔s〕の間に $\Delta \Phi$〔Wb〕だけ変化したときの誘導起電力 e〔V〕の大きさは，Δ（　）①/Δ（　）②とコイルの（　　）③の積で求められる。

◆◆◆◆◆◆ **ステップ 2** ◆◆◆◆◆◆

□ **1**　あるコイルの電流を 0.3 秒間に 3 A から 9 A に増加させたとき，誘導起電力が 0.2 V 発生した。このコイルの自己インダクタンス L 〔mH〕を求めなさい。

答 $L=$ _____

2 直流回路

2.1 抵抗の接続

```
┌─────────── トレーニングのポイント ───────────┐
```

①　抵抗の接続　直列接続，並列接続，直並列接続がある。

②　合成抵抗　抵抗がいくつか接続されているとき，抵抗をひとまとめにして，同じ働きをする一つの抵抗として置き換えたものを合成抵抗という。

（**1**）　直列回路の合成抵抗は，各抵抗の和に等しい。

（**2**）　並列回路の合成抵抗は，各抵抗の逆数の和の逆数に等しい。

③　コンダクタンス　抵抗 R〔Ω〕の逆数で，量記号は G，単位はジーメンス〔S〕。

◈◈◈◈◈ ステップ 1 ◈◈◈◈◈

□ **1**　つぎの（　　　）に適切な語句や記号を入れなさい。

（**1**）　直列回路の合成抵抗は接続した各抵抗の（　　　）①に等しく，各抵抗に加わる電圧の比は（　　　）②の比に等しい。

（**2**）　並列回路の合成抵抗は接続した各抵抗の（　　　）①の和の（　　　）②に等しく，各抵抗に流れる電流の比は（　　　）③の比に等しい。

（**3**）　抵抗 R〔Ω〕の（　　　）①をコンダクタンスという。量記号に（　　　）②，単位には（　　　）③が使われ，単位記号に（　　　）④を用いる。

◈◈◈◈◈ ステップ 2 ◈◈◈◈◈

‖‖‖‖‖ **例題** 1 ‖‖

図 2.1 において，$R_1 = 10\,\Omega$，$R_2 = 40\,\Omega$，$V_0 = 100\,\mathrm{V}$ である。つぎの問に答えなさい。

（**1**）　この回路の合成抵抗 R_0〔Ω〕を求めなさい。

（**2**）　回路全体を流れる電流 I_0〔A〕を求めなさい。

（**3**）　各抵抗の電圧降下 V_1，V_2〔V〕を求めなさい。

解答

（**1**）　$R_0 = R_1 + R_2 = 10 + 40 = 50\,\Omega$

図 2.1

（2）　$I_0 = \dfrac{V_0}{R_0} = \dfrac{100}{50} = 2\,\text{A}$

（3）　$V_1 = R_1 I_0 = 10 \times 2 = 20\,\text{V}$,　$V_2 = R_2 I_0 = 40 \times 2 = 80\,\text{V}$

□ **❶**　$10\,\Omega$, $20\,\Omega$, $30\,\Omega$ の抵抗を直列に接続したときの合成抵抗 R_0〔Ω〕を求めなさい。

答　$R_0 = $ ＿＿＿＿＿＿＿

□ **❷**　$1\,\text{k}\Omega$, $800\,\Omega$, $3\,\text{k}\Omega$ の抵抗を直列に接続したときの合成抵抗 R_0〔Ω〕を求めなさい。

答　$R_0 = $ ＿＿＿＿＿＿＿

□ **❸**　図 **2.2** において，$R_1 = 3\,\Omega$, $R_2 = 15\,\Omega$, $V_0 = 36\,\text{V}$ である。I_0〔A〕，V_1〔V〕，V_2〔V〕を求めなさい。

ヒント！
$E = V_1 + V_2$
$V_1 = R_1 I_0$

図 **2.2**

答　$I_0 = $ ＿＿＿＿＿＿＿　　$V_1 = $ ＿＿＿＿＿＿＿　　$V_2 = $ ＿＿＿＿＿＿＿

━━━━ **例題** 2 ━━━━

図 **2.3** において，$R_1 = 8\,\Omega$, $R_2 = 12\,\Omega$, $V_0 = 48\,\text{V}$ である。つぎの問に答えなさい。

（1）　この回路の合成抵抗 R_0〔Ω〕を求めなさい。

（2）　回路を流れる電流 I_1, I_2, I_0〔A〕を求めなさい。

解答

図 **2.3**

（1）　$R_0 = \dfrac{R_1 R_2}{R_1 + R_2} = \dfrac{8 \times 12}{8 + 12} = 4.8\,\Omega$

（2）　$I_1 = \dfrac{V_0}{R_1} = \dfrac{48}{8} = 6\,\text{A}$,　$I_2 = \dfrac{V_0}{R_2} = \dfrac{48}{12} = 4\,\text{A}$

　　　　$I_0 = I_1 + I_2 = 6 + 4 = 10\,\text{A}$

□ **4**　20 Ω，30 Ω の抵抗を並列に接続したときの合成抵抗 R_0〔Ω〕を求め

なさい。

〔答〕 $R_0 =$ ＿＿＿＿＿＿＿＿

□ **5**　図 2.4 において，$R_1 = 6$ Ω，$R_2 = 4$ Ω，$V_0 = 24$ V である。つぎの問

に答えなさい。

ヒント !

並列回路の抵抗の電圧

降下は V_0

図 2.4

（1）　この回路の合成抵抗 R_0〔Ω〕を求めなさい。

（2）　回路を流れる電流 I_1，I_2，I_0〔A〕を求めなさい。

〔答〕　（1）$R_0 =$ ＿＿＿＿＿＿＿＿

　　　　（2）$I_1 =$ ＿＿＿＿＿＿＿　 $I_2 =$ ＿＿＿＿＿＿＿

　　　　　　 $I_0 =$ ＿＿＿＿＿＿＿

❖❖❖❖❖ **ステップ 3** ❖❖❖❖❖

□ **1**　図 2.5 の回路において，a-b 間の合成抵抗 R_0〔Ω〕を求めなさい。

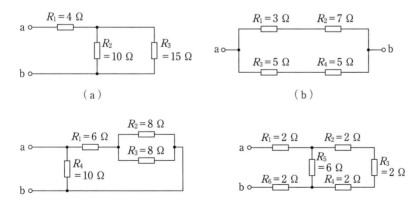

図 2.5

〔答〕（a）$R_0 =$ _____   （b）$R_0 =$ _____

（c）$R_0 =$ _____   （d）$R_0 =$ _____

□**2** 180 Ω の抵抗が 15 個ある。すべて直列に接続したときの合成抵抗 R_{01}〔Ω〕とすべて並列に接続したときの合成抵抗 R_{02}〔Ω〕を求めなさい。

〔答〕$R_{01} =$ _____

$R_{02} =$ _____

□**3** 図 **2.6** において，$R_1 = 20\ \Omega$，$V_2 = 75\ \mathrm{V}$，$V_0 = 135\ \mathrm{V}$ である。つぎの問に答えなさい。

図 2.6

（1）抵抗 R_1 の電圧降下 V_1〔V〕を求めなさい。

$$V_0 = V_1 + V_2$$
$$I_0 = \frac{V_1}{R_1}$$
$$R_2 = \frac{V_2}{I_0}$$

〔答〕$V_1 =$ _____

（2）回路を流れる電流 I_0〔A〕を求めなさい。

〔答〕$I_0 =$ _____

（3）R_2 および合成抵抗 R_0〔Ω〕を求めなさい。

〔答〕$R_2 =$ _____

$R_0 =$ _____

□ **4**　図 2.7 において，$R_1 = 100\,\Omega$，$V_0 = 100\,\mathrm{V}$，合成抵抗 $R_0 = 80\,\Omega$ であ

る。つぎの問に答えなさい。

図 2.7

（1）　R_2〔Ω〕を求めなさい。

答 $R_2 =$ _____

（2）　I_1，I_2，I_0〔A〕を求めなさい。

答 $I_1 =$ _____

$I_2 =$ _____

$I_0 =$ _____

□ **5**　図 2.8 において，$R_1 = 12\,\Omega$，$R_2 = 24\,\Omega$，$R_3 = 32\,\Omega$，$V_0 = 60\,\mathrm{V}$ であ

る。つぎの問に答えなさい。

図 2.8

（1）　合成抵抗 R_0〔Ω〕を求めなさい。

答 $R_0 =$ _____

（2）　R_2 の電圧降下 V_{12}〔V〕を求めなさい。

答 $V_{12} =$ _____

□ **6** 図 **2.9** において，$R_1 = 40\,\Omega$，$R_2 = 40\,\Omega$，$R_3 = 20\,\Omega$，$R_4 = 40\,\Omega$ のと

き，$V_4 = 20\,\mathrm{V}$ である。つぎの問に答えなさい。

$I_3 = \dfrac{V_4}{R_4}$

$V_2 = (R_3 + R_4)I_3$

$I_2 = \dfrac{V_2}{R_2}$

$V_0 = R_1 I_0 + V_2$

図 **2.9**

（1） $I_3\,\mathrm{(A)}$ を求めなさい。

$\boxed{答}$　$I_3 = $ _____

（2） $V_2\,\mathrm{(V)}$ を求めなさい。

$\boxed{答}$　$V_2 = $ _____

（3） I_2, $I_0\,\mathrm{(A)}$ を求めなさい。

$\boxed{答}$　$I_2 = $ _____

$I_0 = $ _____

（4） $V_0\,\mathrm{(V)}$ を求めなさい。

$\boxed{答}$　$V_0 = $ _____

2.2　直流回路の計算

トレーニングのポイント

① **ブリッジ回路**　図2.10のように，R_1, R_2, R_3, R_4 の並列回路の中点に橋渡しがされている回路をブリッジ回路という。この回路において検流計の振れが零のとき，ブリッジ回路が平衡したという。このとき

$$R_1 R_4 = R_2 R_3$$

が成り立つ。

図2.10

② **キルヒホッフの法則**

（1）**第1法則**　回路網の任意の接続点において，流入する電流の和と流出する電流の和は等しい。

（2）**第2法則**　回路網中の任意の閉回路を一巡するとき，回路各部の起電力の総和と電圧降下の総和は等しい。

◆◇◆◇◆　ステップ 1　◆◇◆◇◆

□ **1**　つぎの（　　　）に適切な語句や記号を入れなさい。

（1）最大目盛 V_v〔V〕，内部抵抗 r_v〔Ω〕の電圧計がある。この電圧計の測定範囲を V〔V〕$\left(m 倍 = \dfrac{(\quad)^①}{(\quad)^②}\right)$ に拡大するには，$R_m = ($　　　$)^③ r_v$〔Ω〕の（　　　　　）④器を（　　　）⑤に接続する。

（2）最大目盛 I_a〔A〕，内部抵抗 r_a〔Ω〕の電流計がある。この電流計の測定範囲を I〔A〕$\left(m 倍 = \dfrac{(\quad)^①}{(\quad)^②}\right)$ に拡大するには，$R_s = ($　　　$)^③ r_a$〔Ω〕の（　　　　　）④器を（　　　）⑤に接続する。

（3）図2.11において，可変抵抗 R_3 を加減して，スイッチSを閉じても検流計が振れなかったとき，a-b間の電位差が（　　　）①となる。このような状態を「ブリッジ回路は（　　　）②している」という。

$V_{ca} = V_{cb}$ から $V_1 = V_3$

$(\quad)^③ I_1 = (\quad)^④ I_2 \cdots ①$

$V_{ad} = V_{bd}$ から $V_2 = V_4$

$$(\qquad)^{⑤} I_1 = (\qquad)^{⑥} I_2 \cdots ②$$

式①を式②で割ると

$$\frac{(\qquad)^{⑦} I_1}{(\qquad)^{⑧} I_1} = \frac{(\qquad)^{⑨} I_2}{(\qquad)^{⑩} I_2}$$

$$\frac{(\qquad)^{⑪}}{(\qquad)^{⑫}} = \frac{(\qquad)^{⑬}}{(\qquad)^{⑭}}$$

したがって，$R_1 R_4 = R_2 R_3$ となる。

図 2.11

図 2.12

（4）　**図 2.12** において，キルヒホッフの（　　　）^{①}法則を使い，点 d において

$$I_3 = (\qquad)^② + (\qquad)^③$$

キルヒホッフの（　　　）^{④}法則を使い，閉回路 I において

$$(\qquad)^⑤ I_1 + (\qquad)^⑥ I_2 = E_1 (\qquad)^⑦ E_2$$

閉回路 II において

$$(\qquad)^⑧ I_2 + (\qquad)^⑨ I_3 = (\qquad)^⑩$$

□ **2**　**図 2.13** において，I_1，I_2，I_3〔A〕を求めなさい。

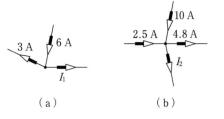

（a）　　　　　　（b）　　　　　　（c）

図 2.13

答　$I_1 =$ ＿＿＿＿＿　　　$I_2 =$ ＿＿＿＿＿　　　$I_3 =$ ＿＿＿＿＿

◆◆◆◆◆ ステップ 2 ◆◆◆◆◆

□ **1**　直流電源に最大目盛 V_v が 100 V，内部抵抗 r_v が 100 kΩ の電圧計と直列抵抗器 R_m〔Ω〕を直列接続した。つぎの問に答えなさい。

（1）　500 V 用の電圧計にするための直列抵抗器の倍率 m および直列抵抗器 R_m〔Ω〕を求めなさい。

ヒント！

$$m = \frac{V}{V_v}$$

$$R_m = (m-1)r_v$$

〔答〕　$m =$ ＿＿＿＿＿＿＿＿＿

$R_m =$ ＿＿＿＿＿＿＿＿＿

（2）　直列抵抗器 R_m が 300 kΩ であるとき，電源電圧に 200 V 加えた。このときの電圧計の指示 V_v〔V〕を求めなさい。

ヒント！

$$m = \frac{R_m}{r_v} + 1$$

$$V_v = \frac{V}{m}$$

〔答〕　$V_v =$ ＿＿＿＿＿＿＿＿＿

□ **2**　最大目盛 I_a が 5 A，内部抵抗 r_a が 9 Ω の電流計に分流器 R_s〔Ω〕を並列に接続し，20 A 用の電流計を作った。分流器の倍率 m，分流器 R_s〔Ω〕を求めなさい。

ヒント！

$$m = \frac{I}{I_a}$$

$$R_s = \frac{r_a}{m-1}$$

〔答〕　$m =$ ＿＿＿＿＿＿＿＿＿

$R_s =$ ＿＿＿＿＿＿＿＿＿

□ **3**　図 **2.14** において，スイッチ S を閉じても検流計が振れなかったとき，R_4〔Ω〕を求めなさい。

図 **2.14**

〔答〕　$R_4 =$ ＿＿＿＿＿＿＿＿＿

□ **4** 図 **2.15** において，I_1，I_2，I_5，I_0〔A〕および回路全体の合成抵抗 R_0〔Ω〕を求めなさい。

ヒント！

ブリッジ回路となっている。
回路が平衡していれば，$I_5 = 0$ となる。

図 2.15

〔答〕 $I_1 =$ _____ $I_2 =$ _____ $I_5 =$ _____

$I_0 =$ _____ $R_0 =$ _____

□ **5** 図 **2.16** において，つぎの問に答えなさい。

図 2.16

（1） キルヒホッフの第1法則を用いて，接続点 a の関係式を求めなさい。

〔答〕 _____

（2） キルヒホッフの第2法則を用いて，閉回路 I の関係式を求めなさい。

〔答〕 _____

（3）　キルヒホッフの第2法則を用いて，閉回路IIの関係式を求めなさい。

〔答〕＿＿＿＿＿＿＿＿＿＿

（4）　I_1, I_2, I_3〔A〕を求めなさい。

〔答〕 $I_1 =$＿＿＿＿＿＿　$I_2 =$＿＿＿＿＿＿　$I_3 =$＿＿＿＿＿＿

◆◇◆◇◆◇ **ステップ 3** ◇◆◇◆◇◆

□❶　図 2.17 において，I_1, I_2, I_3〔A〕を求めなさい。

図 2.17

〔答〕 $I_1 =$＿＿＿＿＿＿

　　　$I_2 =$＿＿＿＿＿＿

　　　$I_3 =$＿＿＿＿＿＿

□❷　図 2.18 において，I_1, I_2, I_3〔A〕を求めなさい。

図 2.18

〔答〕 $I_1 =$＿＿＿＿＿＿

　　　$I_2 =$＿＿＿＿＿＿

　　　$I_3 =$＿＿＿＿＿＿

2.3　電 流 の 作 用

```
━━━━━━━━━━ トレーニングのポイント ━━━━━━━━━━

① 電　力　　電気エネルギーが1秒あたりにする仕事量をいう。

        P = VI = \frac{V^2}{R} = RI^2 〔W〕

② 電力量　　電力をある時間加えたときの電気エネルギーの総量をいう。

        W = Pt = VIt = \frac{V^2}{R}t = RI^2 t 〔W・s〕

③ ジュールの法則　　抵抗を流れる電流によって発生する熱量は，抵抗と電流の2乗の
    積に比例する。

        H = RI^2 t 〔J〕

④ ファラデーの法則　　電気分解によって電極に析出する物質の量 W〔g〕は，電解液
    中に流れた電気量 Q = It〔C〕に比例する。I〔A〕の電流が t 秒間流れたとすれば，こ
    の物質の原子量を M，イオン価数を n としたとき

        W = \frac{1}{96\,500} \times \frac{M}{n} Q 〔g〕
```

◆◆◆◆◆ **ステップ　1** ◆◆◆◆◆

□ **1**　つぎの（　　　）に適切な語句や記号，数値を入れなさい。

（1）　単位時間（1秒間）あたりの電気エネルギーを（　　　）①という。電圧 V〔V〕で電流 I〔A〕が流れたときの電力は $P =$（　　　）②〔W〕で表される。

（2）　電力をある時間加えたときの電気エネルギーの総量を（　　　）①という。電圧 V〔V〕で電流 I〔A〕が t 秒間流れたときの電力量は $W =$（　　　）②〔W・s〕で表される。

（3）　導体に流れる電流によって生じる熱量は，（　　　）①の2乗と導体の（　　　）②および電流が流れた（　　　）③に比例する。これを（　　　）④の法則といい，生じた熱を（　　　）⑤という。

（4）　電力量 W の単位には，一般的に（　　　）①や（　　　）②などが用いられる。また，1 W・h =（　　　）③W・s =（　　　）④kJ である。

◆◆◆◆◆ **ステップ 2** ◆◆◆◆◆

‖‖‖‖‖‖‖ 例題 3 ‖‖‖

電圧を 100 V 加えると，電流が 5 A 流れる電熱器がある。つぎの問に答えなさい。

（1） 消費電力 P〔W〕を求めなさい。

（2） この電熱器を 4 時間使用したとき，電力量 W〔kW·h〕を求めなさい。また，熱量 H〔MJ〕を求めなさい。

解答

（1） $P = VI = 100 \times 5 = 500$ W

（2） $W = Pt = 500 \times 4 = 2\,000$ W·h $= 2$ kW·h

1 kW·h $= 3.6 \times 10^3$ kJ $= 3.6$ MJ から

$H = 2$ kW·h $= 7.2$ MJ

□ **1** 100 V，400 W の電熱器を 3 時間使用したとき，電力量 W〔kW·h〕および発生した熱量 H〔MJ〕を求めなさい。

答 $W =$ ＿＿＿＿＿＿＿

$H =$ ＿＿＿＿＿＿＿

□ **2** 20 Ω の抵抗に 5 A の電流を流したとき，つぎの問に答えなさい。

（1） 消費電力 P〔W〕を求めなさい。

答 $P =$ ＿＿＿＿＿＿＿

（2） 5 時間使用したとき，発生する熱量 H〔MJ〕を求めなさい。

答 $H =$ ＿＿＿＿＿＿＿

□ **3** 硫酸銅水溶液に 10 A の電流を 30 分間流したとき，電極に析出される銅の量 W〔g〕を求めなさい。ただし，銅の原子量は 63.5，イオン価は 2 とする。

答 $W =$ ＿＿＿＿＿＿＿

◆◆◆◆◆ **ステップ 3** ◆◆◆◆◆

|||||||||||| **例題** 4 ||||||||||||||||||||||||||||||||||||||||||||||||||||||||||||||||||||||||||||||||||||||||||||

20 ℃の水 300 L を 40 ℃に温めるのに消費電力 P が 4 kW の電熱器を使用した。使用した時間 t を求めなさい。ただし，電熱器の効率 η を 90 %，1 cm^3 の水を 1 ℃上昇させるのに，4.2 J の熱量が必要であるとする。

解答

① 300 L の水を 20 ℃から 40 ℃に上昇させるのに必要な熱量 H は

$$H = 4.2 \times 300 \times 10^3 \times (40 - 20) = 2.52 \times 10^7 \text{ J} = 25.2 \text{ MJ}$$

② t 秒間使用したときの電熱器が発生する熱量 H' は

$$H' = Pt \text{ 〔J〕}$$

このうち，効率分だけが水の温度上昇に使われる。有効な熱量 H'' は

$$H'' = Pt\eta = 4 \times 10^3 \times t \times 0.9 = 3.6 \, t \times 10^3 \text{ 〔J〕} = 3.6 \, t \text{ 〔kJ〕}$$

③ $H'' = H$ から

$$3.6 \, t \times 10^3 = 2.52 \times 10^7$$

$$\therefore \quad t = \frac{2.52 \times 10^7}{3.6 \times 10^3} = 7\,000 \text{ 秒} = 1 \text{ 時間 } 56 \text{ 分 } 40 \text{ 秒}$$

□ **1** 10 ℃の水 2 L を 80 ℃に温めるのに消費電力 800 W の電熱器を使用した。使用した時間 t を求めなさい。ただし，電熱器の効率 η を 70 %，1 cm^3 の水を 1 ℃上昇させるのに，4.2 J の熱量が必要であるとする。

答 $t =$ _____

□ **2** 硝酸銀水溶液中に 15 A の電流を流したとき，16.2 g の銀が析出する時間 t を求めなさい。ただし，銀の原子量は 108，イオン価は 1 とする。

答 $t =$ _____

2.4　電　　　　池

◆◆◆◆◆ ステップ 1 ◆◆◆◆◆

□ **1**　つぎの（　　　）に適切な語句を入れなさい。

（1）　電池は，化学反応などによって発生したエネルギーを（　　　）①エネルギーに変える装置である。電池から電流を取り出すことを（　　　）②といい，逆に電流を流し込むことを（　　　）③という。

（2）　電池には，一度放電すると再生しない（　　　）①と，放電しても，充電することにより再生できる（　　　）②がある。そのほか，水素と酸素を化学反応させ，電気化学的に直接電気エネルギーを取り出す（　　　）③や，太陽光エネルギーを電気エネルギーに変換する（　　　）④がある。

（3）　種類の異なる二つの金属を接合したものを（　　　）①という。①の一方を加熱して接合点に温度差を生じさせると，そこに（　　　）②が生じ電流が流れる。この現象を（　　　）③または（　　　）④という。

（4）　2種類の金属の接合点に電流を流すと，電流の流れる向きによって接続点で（　　　）①や（　　　）②が起こる。このような現象を（　　　）③という。

□**2**　つぎの電池を一次電池，二次電池に分けなさい。

① アルカリ乾電池　　　　　　（　　　）電池

② マンガン乾電池　　　　　　（　　　）電池

③ リチウム電池　　　　　　　（　　　）電池

④ 酸化銀電池　　　　　　　　（　　　）電池

⑤ アルカリ蓄電池　　　　　　（　　　）電池

⑥ リチウムイオン電池　　　　（　　　）電池

⑦ ナトリウム・硫黄電池　　　（　　　）電池

⑧ 空気亜鉛電池　　　　　　　（　　　）電池

⑨ ニッケル水素電池　　　　　（　　　）電池

⑩ ニッケル・カドミウム電池　（　　　）電池

◆◇◆◇◆　**ステップ 2**　◆◇◆◇◆

□**1**　起電力が 2.2 V，内部抵抗が 0.1 Ω の電池に負荷抵抗を接続した回路がある。つぎの問に
答えなさい。

（1） 負荷抵抗に 1.1 A の電流が流れたとき，負荷抵抗の抵抗値 R〔Ω〕を求めなさい。

答 $R=$ _____

（2） 負荷抵抗の抵抗値が 1 Ω であったとき，負荷抵抗に流れる電流 I〔A〕および端子電圧
V〔V〕を求めなさい。

答 $I=$ _____

　　$V=$ _____

3 静　電　気

3.1　静　電　力

◆◆◆◆◆ **ステップ　1** ◆◆◆◆◆

□ **1**　つぎの文の（　　　）に適切な語句や記号，数値を入れなさい。

（1）　図3.2のように導体Aに負に帯電させた帯電体Bを近づけると，導体AのBに近い
端に（　　）①電荷，遠い端に（　　）②電荷が現れる。この現象を（　　　　　）③という。

導体A

帯電体B　　絶縁台

図3.2

（2）　r〔m〕離れた二つの電荷 Q_1, Q_2〔C〕の間に働く静電力 F〔N〕は，（　　　　　）①
の法則により次式で表される。ただし，誘電率は ε〔F/m〕とする。

$$F = \frac{1}{(\quad)^②} \cdot \frac{(\quad)^④(\quad)^⑤}{(\quad)^③} \ \text{〔N〕}$$

◆◇◆◇◆ ステップ 2 ◆◇◆◇◆

|||||||||||||| **例題** 1 ||||||||||||||||||||||||||||||||||||||||||||||||||||||||||||||||||||||||||||||||||||||||||||||||||||||

図 **3.3** のように，真空中に $Q_1 = +3\,\mu\text{C}$ の電荷と $Q_2 = +4$ μC の電荷が $10\,\text{cm}$ 離れて置かれている。この間に働く静電力の大きさ F 〔N〕と向きを求めなさい。

図 3.3

解 答

静電気に関するクーロンの法則により，静電力の大きさ F 〔N〕は，電荷間の距離 $r = 10\,\text{cm} = 0.1\,\text{m}$ から

$$F = 9 \times 10^9 \times \frac{Q_1 Q_2}{r^2} = 9 \times 10^9 \times \frac{(3 \times 10^{-6}) \times (4 \times 10^{-6})}{0.1^2} = 10.8\,\text{N}$$

Q_1，Q_2 ともに正電荷のため反発力

□ **1**   真空中に $Q_1 = +2\,\mu\text{C}$ の電荷と $Q_2 = -2\,\mu\text{C}$ の電荷が $10\,\text{cm}$ 離れて置かれている。この間に働く静電力の大きさ F 〔N〕と向きを求めなさい。

〔答〕 $F =$ _____   向き _____

□ **2**   図 **3.4**（a）のように導体 A に負に帯電させた帯電体 B を近づけた。導体 A の電荷の様子を図に示しなさい。また，図（b）のように導体 A に接地を施したときはどのようになるか。

図 3.4

（a）   （b）

□ **3**   真空中に置かれている $Q_1 = 5\,\mu\text{C}$ の電荷と $Q_2 = 8\,\mu\text{C}$ の電荷間に，$F = 16\,\text{N}$ の静電力が働いた。電荷間の距離 r 〔m〕を求めなさい。

ヒント！

$$F = 9 \times 10^9 \times \frac{Q_1 Q_2}{r^2}$$

〔答〕 $r =$ _____

◇◇◇◇◇ **ステップ 3** ◇◇◇◇◇

□ **1**　図 3.5 のように，空気中に置かれた Q_1，Q_2 の電荷間のある点 P に $Q_3 = +3\,\mu\mathrm{C}$ の電荷を置いた。Q_1，Q_2，Q_3 に働く静電力の大きさ F_1，F_2，F_3〔N〕と向きを答えなさい。

$Q_1 = +10\,\mu\mathrm{C}$　　P　　$Q_2 = -15\,\mu\mathrm{C}$

$(+)$————•————$(-)$

$|\!\leftarrow r_1 = 5\,\mathrm{cm} \rightarrow\!|\!\leftarrow r_2 = 5\,\mathrm{cm} \rightarrow\!|$

図 3.5

ヒント！

Q_1 と Q_2 の間に働く静電力，Q_2 と Q_3 の間に働く静電力，Q_1 と Q_3 の間に働く静電力を求め，合成する。

答　$F_1 = $　　　　　　，向き

$F_2 = $　　　　　　，向き

$F_3 = $　　　　　　，向き

3.2 電　　　界

```
┌─────────── トレーニングのポイント ───────────┐
```

① **電界の大きさ**　　Q〔C〕の電荷から r〔m〕離れた点の電界の大きさ E〔V/m〕は

$$E = \frac{Q}{4\pi\varepsilon r^2} \ \text{〔V/m〕}$$

② **電束密度**　　電界の大きさ E〔V/m〕, 誘電率 ε〔F/m〕のとき, 電束密度 D〔C/m²〕は

$$D = \varepsilon E \ \text{〔C/m}^2\text{〕}$$

③ **電　位**　　Q〔C〕の電荷を移動するのに要するエネルギーを W〔J〕とすると, 電位 V〔V〕は

$$V = \frac{W}{Q} \ \text{〔V〕}$$

Q〔C〕から r〔m〕離れた点の電位 V〔V〕は

$$V = \frac{Q}{4\pi\varepsilon r} \ \text{〔V〕}$$

④ **平行板電極内の電界の大きさ**　　電極間の距離が l〔m〕, 電極間の電位差が V〔V〕のとき, 電極内の電界の大きさ E〔V/m〕は

$$E = \frac{V}{l} \ \text{〔V/m〕}$$

◆◆◆◆◆ **ステップ　1** ◆◆◆◆◆

□ **1**　つぎの文の（　　　）に適切な語句や記号, 数値を入れなさい。

(1)　静電力が働く空間を（　　　　）①という。電界の強さは, 電界中に（　　　　）②C の電荷を置いたとき, これに働く（　　　　）③の大きさと向きで表す。

(2)　電界の状態や作用を知るのに用いる仮想の線を（　　　　）①という。① は（　　　　）②電荷から出て（　　　　）③電荷に入る。Q〔C〕の電荷からは（　　　　）④本の ① が出入りする。① の密度はその点の（　　　　）⑤を表す。

(3)　誘電率の影響を受けないように, 電気力線を束にした仮想の線を（　　　　）①という。$+Q$〔C〕の電荷からは（　　　　）②〔C〕の電束が出る。1 m² あたりの電束を（　　　　）③といい, D〔C/m²〕で表す。

(4)　電界内にある点の電位は, （　　　　）①〔C〕の電荷をその点に運ぶのに必要な（　　　　）②で表す。

（5）　平等電界の大きさを E〔V/m〕，2点間の距離を l〔m〕とするとき，2点間の電位差 Vは（　　　　）[1]〔V〕である。

◆◆◆◆◆ ステップ 2 ◆◆◆◆◆

‖‖‖‖‖‖‖ 例題 2 ‖‖‖

図3.6において，つぎの問に答えなさい。ただし，真空中とする。

（1）　点Pの電界の大きさと向きを求めなさい。

（2）　点Pに $Q = 3\,\mu\mathrm{C}$ の電荷を置いたとき，これに働く静電力の大きさと向きを求めなさい。

$Q_1 = 3\,\mu\mathrm{C}$　　　　P　　$Q_2 = 2\,\mu\mathrm{C}$

$r_1 = 30\,\mathrm{cm}$　　$r_2 = 20\,\mathrm{cm}$

図3.6

解答

（1）　Q_1 による点Pの電界の大きさ E_1〔V/m〕は

$$E_1 = \frac{Q_1}{4\pi\varepsilon_0 r_1^2} = 9\times10^9 \times \frac{Q_1}{r_1^2} = 9\times10^9 \times \frac{3\times10^{-6}}{(30\times10^{-2})^2} = 3.0\times10^5\,\mathrm{V/m} \quad （右向き）$$

Q_2 による点Pの電界の大きさ E_2〔V/m〕は

$$E_2 = \frac{Q_2}{4\pi\varepsilon_0 r_2^2} = 9\times10^9 \times \frac{Q_2}{r_2^2} = 9\times10^9 \times \frac{2\times10^{-6}}{(20\times10^{-2})^2} = 4.5\times10^5\,\mathrm{V/m} \quad （左向き）$$

したがって，点Pの電界の大きさ E〔V/m〕は

$$E = E_2 - E_1 = 4.5\times10^5 - 3.0\times10^5 = 1.5\times10^5\,\mathrm{V/m} \quad （左向き）$$

（2）　$F = QE = 3\times10^{-6} \times 1.5\times10^5 = 0.45\,\mathrm{N}$

□ ❶ 図3.7において，つぎの問に答えなさい。ただし，真空中とする。

$Q_1 = 3\,\mu\mathrm{C}$　　　$Q_2 = 2\,\mu\mathrm{C}$　　P

r_1 $= 30\,\mathrm{cm}$　　r_2 $= 20\,\mathrm{cm}$　　　図3.7

ヒント！

Q_1 による電界の大きさ，Q_2 による電界の大きさを求め，合成する。

（1）　点Pの電界の大きさ E〔kV/m〕と向きを求めなさい。

（2）　点Pに $Q = 3\,\mu\mathrm{C}$ の電荷を置いたとき，これに働く静電力の大きさ F〔N〕と向きを求めなさい。

答 （1）$E = $ ＿＿＿＿＿＿，向き ＿＿＿＿＿＿

　　（2）$F = $ ＿＿＿＿＿＿，向き ＿＿＿＿＿＿

||||||||| 例題 3 |||||||||

　真空中において，面積 $A = 20\,\mathrm{cm}^2$ の面を垂直に $\varPsi = 6\,\mu\mathrm{C}$ の電束が通っている。つぎの問に答えなさい。

（1）　電束密度 $D\,[\mathrm{mC/m}^2]$ を求めなさい。

（2）　電界の大きさ $E\,[\mathrm{V/m}]$ を求めなさい。

解答

（1）　$D = \dfrac{\varPsi}{A} = \dfrac{6 \times 10^{-6}}{20 \times 10^{-4}} = 3 \times 10^{-3}\,\mathrm{C/m}^2 = 3\,\mathrm{mC/m}^2$

（2）　$E = \dfrac{D}{\varepsilon_0} = \dfrac{3 \times 10^{-3}}{8.85 \times 10^{-12}} = 3.39 \times 10^8\,\mathrm{V/m}$

□ **2**　真空中において，電界の大きさが $6\,000\,\mathrm{V/m}$ のとき，電束密度 D $[\mathrm{nC/m}^2]$ を求めなさい。

 ヒント ！
$D = \varepsilon_0 E$
$\varepsilon_0 = 8.85 \times 10^{-12}\,\mathrm{F/m}$

答　$D =$ _____

□ **3**　空気中で，$0.5\,\mu\mathrm{C}$ の電荷から $50\,\mathrm{cm}$ 離れた点の電界の大きさ E $[\mathrm{kV/m}]$ を求めなさい。

ヒント ！
$E = 9 \times 10^9 \times \dfrac{Q}{r^2}$

答　$E =$ _____

□ **4**　電極間の距離が $2\,\mathrm{cm}$ の平行板電極がある。電極内の電界の大きさが $1\,000\,\mathrm{V/m}$ のとき，電極間の電位差 V $[\mathrm{V}]$ を求めなさい。

ヒント ！
$E = \dfrac{V}{l}$

答　$V =$ _____

□ **5**　図 **3.8** のように，電界の大きさが零の点 O から $Q_1 = 0.2\,\mathrm{C}$ の電荷を点 A に運ぶのに $8\,\mathrm{J}$ のエネルギーを要した。また，点 O から $Q_2 = 1.5\,\mathrm{C}$ の電荷を点 B に運ぶのに $45\,\mathrm{J}$ 要した。点 A，B の電位 V_a，V_b $[\mathrm{V}]$，および AB 間の電位差 V_{ab} $[\mathrm{V}]$ を求めなさい。

ヒント ！
$V = \dfrac{W}{Q}$
$V_{ab} = V_a - V_b$

図 **3.8**

答　$V_a =$ _____　　$V_b =$ _____　　$V_{ab} =$ _____

◈◈◈◈◈ ステップ 3 ◈◈◈◈◈

□**1** 真空中に 3 μC の電荷が置かれている。この電荷による電界の大きさ
が 5 kV/m の場所は，この電荷からどれだけ離れた場所か答えなさい。

ヒント！

$$E = 9 \times 10^9 \times \frac{Q}{r^2}$$

答 $r =$ _____

□**2** 真空中で，$Q = +1.5\,\text{nC}$ の電荷から 5 cm 離れた点 P について，つ
ぎの問に答えなさい。

（1） 電界の大きさ E 〔kV/m〕と向き

（2） 電気力線数と電束 Ψ 〔nC〕

（3） 電気力線の密度 E 〔本/m²〕と電束密度 D 〔nC/m²〕

（4） 電位 V 〔V〕

ヒント！

電気力線数 $= \dfrac{Q}{\varepsilon_0}$

電気力線の密度
= 電界の大きさ

$$V = \frac{Q}{4\pi\varepsilon_0 r}$$

答 （1） $E =$ _____ , 向き _____

（2） 電気力線数 _____ , $\Psi =$ _____

（3） $E =$ _____ , $D =$ _____

（4） $V =$ _____

3.3　静電容量と静電エネルギー

トレーニングのポイント

①　静電容量　コンデンサに蓄えられる電荷 Q〔C〕と電極間の電圧 V〔V〕は比例する。比例定数 C〔F〕を静電容量という。

②　コンデンサの構造と静電容量　図3.9のように電極面積 A〔m²〕,絶縁物の誘電率 ε〔F/m〕,電極間の距離 l〔m〕の平行板間の静電容量 C〔F〕は

図3.9

$$C = \frac{\varepsilon A}{l}\ \text{〔F〕}$$

③　比誘電率　コンデンサの静電容量 C〔F〕は絶縁物の誘電率 ε に比例する（上記②の式を参照）。絶縁物をはさんだコンデンサの静電容量は,電極間が真空であるコンデンサの静電容量の ε_r 倍になる。この比例定数 ε_r を比誘電率という(真空の比誘電率は1)。

$$\varepsilon = \varepsilon_0 \varepsilon_r\ \text{〔F/m〕}, \quad \varepsilon_r = \frac{\varepsilon}{\varepsilon_0} \quad \left(\begin{array}{l} \varepsilon_0 \text{ は絶縁物が真空のときの誘電率で,} \\ \varepsilon_0 = 8.85 \times 10^{-12}\ \text{〔F/m〕} \end{array} \right)$$

④　コンデンサの接続と合成静電容量

（1）　並列接続　並列接続の合成静電容量 C_0〔F〕は

$$C_0 = C_1 + C_2 + C_3 + \cdots\cdots + C_n\ \text{〔F〕}$$

このとき,各コンデンサに加わる電圧は等しい。

（2）　直列接続　直列接続の合成静電容量 C_0〔F〕は

$$C_0 = \frac{1}{\dfrac{1}{C_1} + \dfrac{1}{C_2} + \dfrac{1}{C_3} + \cdots + \dfrac{1}{C_n}}\ \text{〔F〕}$$

このとき,各コンデンサに蓄えられる電荷は等しい。

⑤　コンデンサに蓄えられる静電エネルギー W〔J〕　$W = \dfrac{1}{2}QV = \dfrac{1}{2}CV^2$〔J〕

◆◇◆◇◆ ステップ 1 ◆◇◆◇◆

□ **1**　つぎの文の（　　）に適切な語句や記号,数値を入れなさい。

（1）　真空の誘電率 ε_0 と絶縁物の誘電率 ε の比を（　　　　）[①]といい,量記号に（　　　　）[②]を用いる。

（2）　2 μF のコンデンサと 3 μF のコンデンサを並列接続すると,合成静電容量は

（　　　）①μF となる。また，直列接続すると （　　　）②μF となる。

$\diamond\diamond\diamond\diamond\diamond$ **ステップ 2** $\diamond\diamond\diamond\diamond\diamond$

|||||||||||| 例題 4 |||||||||||||||||||||||||||||||||||||||||||||||||||||||||||||||||||||||||||||||||||||||||||||||||

図 **3.10** の回路において，つぎの問に答えなさい。

（ 1 ） b–c 間の合成静電容量 C_{bc}〔μF〕を求めなさい。

（ 2 ） a–c 間の合成静電容量 C_{ac}〔μF〕を求めなさい。

（ 3 ） 15 μF のコンデンサに蓄えられる電荷 Q_{15}〔μC〕を求めなさい。

（ 4 ） a–b 間に加わる電圧 V_{ab}〔V〕を求めなさい。

（ 5 ） b–c 間に加わる電圧 V_{bc}〔V〕を求めなさい。

（ 6 ） 6 μF のコンデンサに蓄えられる電荷 Q_6〔μC〕を求めなさい。

（ 7 ） 4 μF のコンデンサに蓄えられる電荷 Q_4〔μC〕を求めなさい。

図 3.10

解答

（ 1 ） $C_{bc} = 6\,\mu\text{F} + 4\,\mu\text{F} = 10\,\mu\text{F}$ （ 2 ） $C_{ac} = \dfrac{15 \times 10^{-6} \times 10 \times 10^{-6}}{15 \times 10^{-6} + 10 \times 10^{-6}} = 6 \times 10^{-6}\,\text{F} = 6\,\mu\text{F}$

（ 3 ） $Q_{15} = C_{ac}V = 6 \times 10^{-6} \times 120 = 720 \times 10^{-6}\,\text{C} = 720\,\mu\text{C}$

（ 4 ） $V_{ab} = \dfrac{Q_{15}}{C_{15}} = \dfrac{720 \times 10^{-6}}{15 \times 10^{-6}} = 48\,\text{V}$

（ 5 ） $V_{bc} = V - V_{ab} = 120 - 48 = 72\,\text{V}$ $\left(\text{または } V_{bc} = \dfrac{Q_{15}}{C_{bc}} = \dfrac{720 \times 10^{-6}}{10 \times 10^{-6}} = 72\,\text{V}\right)$

（ 6 ） $Q_6 = C_6 V_{bc} = 6 \times 10^{-6} \times 72 = 432 \times 10^{-6}\,\text{C} = 432\,\mu\text{C}$

（ 7 ） $Q_4 = C_4 V_{bc} = 4 \times 10^{-6} \times 72 = 288 \times 10^{-6}\,\text{C} = 288\,\mu\text{C}$

　　　（または $Q_4 = Q_{15} - Q_6 = 720 \times 10^{-6} - 432 \times 10^{-6} = 288\,\mu\text{C}$）

|||||||||||| 例題 5 |||||||||||||||||||||||||||||||||||||||||||||||||||||||||||||||||||||||||||||||||||||||||||||||||

図 **3.11** のように，電極面積 2 m²，電極間の距離 10 cm のコンデンサの半分に比誘電率 $\varepsilon_r = 10$ の絶縁物を入れた。このコンデンサの静電容量を求めなさい。

図 3.11

解答 このコンデンサは図 **3.12** と等価な回路として考えることができる。

C_1，C_2 の電極面積 A はそれぞれ 1 m² となるので

$$C_1 = \varepsilon_0 \frac{A}{l} = 8.85 \times 10^{-12} \times \frac{1}{0.1} = 8.85 \times 10^{-11}\,\text{F} = 88.5\,\text{pF}$$

$$C_2 = \varepsilon_0 \varepsilon_r \frac{A}{l} = 8.85 \times 10^{-12} \times 10 \times \frac{1}{0.1} = 8.85 \times 10^{-10}\,\text{F} = 885\,\text{pF}$$

図 3.12

C_1 と C_2 は並列回路なので，合成静電容量 C_0 は

$$C_0 = C_1 + C_2 = 973.5 \text{ pF}$$

□ **1**　つぎのコンデンサの静電容量を計算しなさい。

（1）　電極面積 $A_1 = 4 \text{ cm}^2$，電極間の距離 $l_1 = 10 \text{ mm}$，比誘電率 $\varepsilon_{r1} = 1$

ヒント！
$$C = \varepsilon_0 \varepsilon_r \frac{A}{l}$$

（2）　電極面積 $A_2 = A_1$，電極間の距離 $l_2 = l_1$，比誘電率 $\varepsilon_{r2} = 100\,\varepsilon_{r1}$

（3）　電極面積 $A_3 = 2A_1$，電極間の距離 $l_3 = l_1$，比誘電率 $\varepsilon_{r3} = \varepsilon_{r1}$

（4）　電極面積 $A_4 = A_1$，電極間の距離 $l_4 = 2l_1$，比誘電率 $\varepsilon_{r4} = \varepsilon_{r1}$

答　（1）　$C_1 =$ _____　（2）　$C_2 =$ _____

（3）　$C_3 =$ _____　（4）　$C_4 =$ _____

□ **2**　図 **3.13** の合成静電容量 C 〔µF〕を求めなさい。ただし，$C_1 = 6$ µF，$C_2 = 3$ µF，$C_3 = 2$ µF とする。

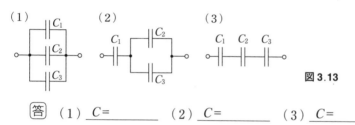

（1）　（2）　（3）

図 **3.13**

答　（1）　$C =$ _____　（2）　$C =$ _____　（3）　$C =$ _____

□ **3**　$C = 3$ µF のコンデンサに $V = 200$ V を加えたとき，つぎの問に答えなさい。

（1）　コンデンサに蓄えられる電荷 Q 〔µC〕はいくらか。

（2）　蓄えられる静電エネルギー W 〔mJ〕はいくらか。

ヒント！
$$Q = CV$$
$$W = \frac{1}{2}QV = \frac{1}{2}CV^2$$

答　（1）　$Q =$ _____

（2）　$W =$ _____

□ **4**　図 **3.14** のコンデンサの静電容量 C 〔pF〕を求めなさい。

電極面積 20 cm^2
空気中
1 mm
10 mm
$\varepsilon_r = 10$

図 **3.14**

ヒント！
$\varepsilon_1 = \varepsilon_0$
$\varepsilon_2 = \varepsilon_0 \varepsilon_r$

答　$C =$ _____

□ **5** 図 **3.15** について，つぎの問に答えなさい。

図 3.15

（1） a–b 間の合成静電容量 C_{ab}〔μF〕を求めなさい。

（2） a–c 間の合成静電容量 C_{ac}〔μF〕を求めなさい。

（3） 60 μF のコンデンサに蓄えられる電荷 Q〔μC〕を求めなさい。

（4） b–c 間に加わる電圧 V_{bc}〔V〕を求めなさい。

（5） a–b 間に加わる電圧 V_{ab}〔V〕を求めなさい。

（6） 30 μF のコンデンサに蓄えられる電荷 Q〔μC〕を求めなさい。

答 （1） $C_{ab}=$ ＿＿＿＿＿＿＿ （2） $C_{ac}=$ ＿＿＿＿＿＿＿

（3） $Q=$ ＿＿＿＿＿＿＿ （4） $V_{bc}=$ ＿＿＿＿＿＿＿

（5） $V_{ab}=$ ＿＿＿＿＿＿＿ （6） $Q=$ ＿＿＿＿＿＿＿

◆◆◆◆◆ **ステップ 3** ◆◆◆◆◆

例題 6

図 **3.16** において，つぎの問に答えなさい。

（1） 合成静電容量 C_0〔μF〕を求めなさい。

（2） a–b 間の電圧 V_{ab}〔V〕を求めなさい。

（3） 10 μF に蓄えられる静電エネルギー W〔mJ〕を求めなさい。

図 3.16

解 答

（1） $C_0 = \dfrac{C_{30}C_{30}}{C_{30}+C_{30}} + \dfrac{C_{10}C_{10}}{C_{10}+C_{10}} = \dfrac{30\times30}{30+30} + \dfrac{10\times10}{10+10} = 20\,\mu\text{F}$

（2） 10 μF と 10 μF の直列の合成静電容量 C_{10+10} は 5 μF なので，一つの 10 μF に蓄えられる電荷 Q_{10} は

$$Q_{10} = C_{10+10}V = 5\times10^{-6}\times60 = 300\times10^{-6}\,\text{C} = 300\,\mu\text{C}$$

よって，V_{ab} は

$$V_{ab} = \frac{Q_{10}}{C_{10}} = \frac{300\times10^{-6}}{10\times10^{-6}} = 30\,\text{V}$$

（3）　$W = \dfrac{1}{2}QV = \dfrac{1}{2} \times 300 \times 10^{-6} \times 30 = 4.5 \times 10^{-3}\,\mathrm{J} = 4.5\,\mathrm{mJ}$

□ **1**　図 **3.17** について，つぎの問に答えなさい。

（1）　合成静電容量 C〔μF〕を求めなさい。

（2）　a–b 間に 100 V を加えたとき，1 μF のコンデンサに蓄えられるエネルギー W〔mJ〕はいくらか。

図 **3.17**

答　（1）　$C =$ _____

（2）　$W =$ _____

□ **2**　図 **3.18** のコンデンサの合成静電容量 C〔pF〕を求めなさい。

図 **3.18**

答　$C =$ _____

4 電流と磁気

4.1 磁 界

トレーニングのポイント

① **磁気に関するクーロンの法則**　r〔m〕離れた二つの磁極の強さ m_1, m_2〔Wb〕間に働く磁力の大きさ F〔N〕は（μ：透磁率〔H／m〕, $\mu_0 = 4\pi \times 10^{-7}$〔H／m〕）

$$F = \frac{1}{4\pi\mu} \cdot \frac{m_1 m_2}{r^2} \text{〔N〕} \quad \text{（真空中）} \quad F = \frac{1}{4\pi\mu_0} \cdot \frac{m_1 m_2}{r^2} = 6.33 \times 10^4 \times \frac{m_1 m_2}{r^2} \text{〔N〕}$$

② **磁界の大きさ**　m〔Wb〕の磁極から r〔m〕離れた点の磁界の大きさ H〔A／m〕は

$$H = \frac{1}{4\pi\mu} \cdot \frac{m}{r^2} \text{〔A／m〕} \quad \text{（真空中）} \quad H = 6.33 \times 10^4 \times \frac{m}{r^2} \text{〔A／m〕}$$

H〔A／m〕の磁界中に置かれた m〔Wb〕の磁極に働く磁力 F〔N〕は

$$F = mH \text{〔N〕}$$

③ **磁束密度 B〔T〕, および磁界の大きさ H〔A／m〕との関係**　面積 A〔m^2〕を垂直に通る磁束が $\varPhi$〔Wb〕のとき, 磁束密度 B〔T〕は

$$B = \frac{\varPhi}{A} \text{〔T〕}, \quad B = \mu H \text{〔T〕}$$

◆◆◆◆◆ ステップ 1 ◆◆◆◆◆

□ **1** つぎの文の（　　）に適切な語句や記号を入れなさい。

（1）磁力線はつぎの性質を持つものとする。

磁力線は N 極から出て（　　）①に入る。m〔Wb〕の磁極から（　　）②本の磁力線が出入りする。

磁力線は途中で分岐したり, 消えたりしない。磁力線どうしはたがいに（　　）③し合い, 交わることはない。

磁力線の接線の向きが, その点の磁界の（　　）④を表す。

磁力線の密度は, その点の磁界の（　　）⑤を表す。

（2）二つの磁極の間に働く磁力の大きさは, 両磁極の強さの（　　）①し, 両磁極間の距離の（　　）②する。これを磁気に関する（　　）③という。磁極の強さを表すのに, 量記号として（　　）④, 単位に（　　）⑤, 単位記号に（　　）⑥を用いる。

（3） m〔Wb〕の磁極からは，m 本の仮想の線が出るものと考え，これを （   ）① という。また，磁界中で，① と垂直な $1\,m^2$ の面を通る ① の量を （   ）② といい，量記号に （   ）③，単位に （   ）④，単位記号に （   ）⑤ を用いる。

◆◆◆◆◆ ステップ 2 ◆◆◆◆◆

☐ **1** $5\times10^{-4}\,Wb$ と $1.2\times10^{-4}\,Wb$ の N 極を空気中で $15\,cm$ 離して置いたとき，その間に働く磁力の大きさ F〔N〕を求めなさい。

答 $F=$ _____

☐ **2** 図 **4.1** のように，空気中に置かれた $4\times10^{-6}\,Wb$ の S 極から $40\,cm$ 離れた点 a の磁界の大きさ H〔A/m〕と向きを求めなさい。

S極
○ $4\times10^{-6}\,Wb$ a
|←——— $40\,cm$ ———→|

図 4.1

答 $H=$ _____ 磁界の向き _____

☐ **3** 磁界の大きさ $8\,A/m$ の空気中に $2.5\times10^{-6}\,Wb$ の磁極を置いたとき，これに加わる磁力の大きさ F〔N〕を求めなさい。

答 $F=$ _____

☐ **4** ある磁界中に，$7\times10^{-3}\,Wb$ の磁極を置いたら，$3.5\times10^{-2}\,N$ の力が働いた。磁界の大きさ H〔A/m〕を求めなさい。

答 $H=$ _____

☐ **5** 空気中に磁極の強さが $4\times10^{-5}\,Wb$ の N 極と $5\times10^{-5}\,Wb$ の S 極があるとき，両磁極間に $2.25\times10^{-3}\,N$ の吸引力が働いた。両磁極間の距離 r〔cm〕を求めなさい。

答 $r=$ _____

☐ **6** 真空中に $3.5\times10^{-7}\,Wb$ の磁極がある。そこから $25\,cm$ 離れた点の磁界の大きさ H〔A/m〕と磁束密度 B〔T〕を求めなさい。

答 $H=$ _____ $B=$ _____

4.2　電流による磁界

トレーニングのポイント

① **アンペアの右ねじの法則**　電流の流れる向きを右ねじが進む向きにとると，磁界の生じる向きは，右ねじの回転する向きとなる。

② **電流が作る磁界の大きさ H〔A/m〕(表4.1)**

表4.1

	直線状導体	円形コイル	細長いコイル	環状コイル
磁力線				
磁界の大きさ	$H = \dfrac{I}{2\pi r}$	$H = \dfrac{NI}{2r}$ N：コイルの巻数	$H = N_0 I$ N_0：1 m あたりのコイルの巻数	$H = \dfrac{NI}{2\pi r} = \dfrac{NI}{l}$

◆◇◆◇◆ **ステップ　1** ◆◇◆◇◆

□ **1**　つぎの文の（　　）に適切な語句や記号を入れなさい。

（1）　直線状導体に電流を流し，磁針を導体の周りに置いたとき，磁力線は導体を中心とする（　　）①となる。

　　　電流の流れる向きを（　　）②の進む向きにとると，②を回す向きに磁界が生じる。これを（　　）③の法則という。

（2）　円形のコイルの中心に生じる磁界の向きは，（　　）①手を握ったとき，親指を（　　）②の向き，その他の指を（　　）③の向きとすると，アンペアの右ねじの法則と一致する。

（3）　図4.2のように，鉄心にコイルを巻いて電流を流すと（　　）①になり，両端に生じる磁極は図のようになる。

（　　）②　　　（　　）③

図4.2

□ **2**　図**4.3**のように導線またはコイルに電流が流れた。図の（　）内に各点での磁界の向きを
矢印または⊙，⊗で示しなさい。

図**4.3**

|||||||| **例題** 1 ||||||||||||||||||||||||||||||||||||||||||||||||||||||||||||||||||||||||||||||||||||||||||||||||||||

　図**4.4**のように，長さ $l=20\,\text{cm}$ につき $N=50$ 回 の割合で巻いて
ある細く非常に長いコイルに1.8 A の電流を流した。コイル内部に生
じる磁界の大きさ H〔A／m〕を求めなさい。

図**4.4**

【解 答】

　1 m あたりの巻数 N_0 は

$$N_0 = \frac{N}{l} = \frac{50}{0.2} = 250\,\text{回／m}$$

したがって

$$H = N_0 I = 250 \times 1.8 = 450\,\text{A／m}$$

|||||||| **例題** 2 ||||||||||||||||||||||||||||||||||||||||||||||||||||||||||||||||||||||||||||||||||||||||||||||||||||

　図**4.5**のように，平均半径 $r=3\,\text{cm}$，巻数 $N=120$ 回 の環状コイル
に $I=1.5\,\text{A}$ の電流が流れているとき，コイルの内部に発生する磁界の
大きさ H〔A／m〕を求めなさい。

【解 答】

$$H = \frac{NI}{2\pi r} = \frac{120 \times 1.5}{2\pi \times 3 \times 10^{-2}} = 955\,\text{A／m}$$

図**4.5**

◇◇◇◇◇ **ステップ 2** ◇◇◇◇◇

□ **1**　半径25 cm で1回巻きの円形コイルに4.5 A の電流を流したとき，円形コイルの中心の磁
界の大きさ H〔A／m〕を求めなさい。

答　$H=$ ＿＿＿＿＿＿＿＿＿

□ **2**　長い直線状導体に 18 A の電流が流れているとき，導体から 14.3 cm 離れた点の磁界の大きさ H 〔A/m〕を求めなさい。

答 $H=$ _____

□ **3**　図 **4.6** のように，平均半径 15 cm，巻数 250 回の環状コイルに 3 A の電流を流したとき，コイルの内部の磁界の大きさ H 〔A/m〕を求めなさい。

図 4.6

答 $H=$ _____

□ **4**　細長いコイルに電流 $I=5$ A を流したとき，コイル内部の磁界の大きさ $H=200$ A/m が発生した。このコイルの 10 cm あたりの巻数 N を求めなさい。

答 $N=$ _____

◆◆◆◆◆ **ステップ 3** ◆◆◆◆◆

□ **1**　半径 10 cm の円形コイルに 0.1 A の電流を流したとき，その中心に磁界の大きさ $H=2.5$ A/m の磁界が生じた。このコイルの巻数 N を求めなさい。

ヒント！

$H=\dfrac{NI}{2r}$

$N=\dfrac{2rH}{I}$

答 $N=$ _____

□ **2**　図 **4.7** のような長い直線状導体に電流を流したとき，この導体から 15 cm 離れた点の磁界の大きさ H が 30 A/m であった。流した電流 I 〔A〕を求めなさい。

ヒント！

$H=\dfrac{I}{2\pi r}$

$I=2\pi rH$

図 4.7

答 $I=$ _____

□ **3** **図4.8** のような環状コイルがある。鉄心の透磁率が $\mu = 1.25 \times 10^{-3}$ H/m，磁界の平均経路の長さ $l = 20$ cm，断面積 $A = 8 \times 10^{-3}$ m²，コイルの巻数 $N = 350$ 回 に電流 $I = 5$ A を流したとき，つぎの問に答えなさい。

鉄心 $l = 20$ cm

$I = 5$ A

巻数 $N =$ 350 回

透磁率 μ 〔H/m〕

$A = 8 \times 10^{-3}$ m²

図4.8

（1） 鉄心中の磁界の大きさ H 〔kA/m〕を求めなさい。

 ヒント！

$$H = \frac{NI}{2\pi r}$$
$$= \frac{NI}{l}$$

〔答〕 $H =$ _____

（2） 鉄心中の磁束密度 B 〔T〕を求めなさい。

ヒント！

$$B = \mu H = \mu_0 \mu_r H$$

〔答〕 $B =$ _____

（3） 鉄心中の磁束 Φ 〔Wb〕を求めなさい。

ヒント！

$$\Phi = BA$$

〔答〕 $\Phi =$ _____

4.3 電　磁　力

トレーニングのポイント

① 電磁力とフレミングの左手の法則　導体に流れる電流と磁束との間に生じる電磁力が働く向きは，**図4.9**のフレミングの左手の法則に従う。

図4.9　　　　　　　図4.10

② 電磁力の大きさ　**図4.10**のように，磁束密度 B 〔T〕の磁界内に，長さ l 〔m〕の導体を磁束の向きに対して θ 〔°〕の角度に置いて，電流 I 〔A〕を流したとき，導体に働く電磁力 F 〔N〕は

$$F = BIl \sin \theta \ \text{〔N〕}$$

③ 導体間に働く電磁力　真空中において，2本の長い導体を平行に置いて，それぞれの導体に電流 I_1, I_2 〔A〕を流したとき，導体1mあたりに働く電磁力 f 〔N/m〕は

$$f = \frac{2I_1I_2}{r} \times 10^{-7} \ \text{〔N/m〕}$$

電流の向きが同じ場合，吸引力　　電流の向きが逆の場合，反発力

④ コイルに働くトルク　**図4.11**のように，磁束密度 B 〔T〕の磁極間に置かれた長さ l 〔m〕，幅 D 〔m〕，巻数 N のコイルを，磁界と θ 〔°〕の位置に置き，電流 I 〔A〕を流したときのトルク T 〔N·m〕は

図4.11

$$T = NBIlD \cos \theta \ \text{〔N·m〕}$$

◆◆◆◆◆ ステップ 1 ◆◆◆◆◆

□ **❶**　つぎの文の（　　）に適切な語句を入れなさい。

（1）　電流と磁界との間に生じる力を（　　　　）[1]という。

（2）　磁界中に置かれた導体に電流を流したとき，導体に働く力の向きは，電流の向きと磁

束の向きそれぞれに対して直角の向きとなる。左手の親指，人差し指，中指をたがいに直角に曲げ，中指を（ 　 　 ）①の向き，人差し指を（ 　 　 ）②の向きに合わせると，親指が（ 　 　 ）③の向きになる。これを（ 　 　 　 　 ）④の法則という。

□ **2** 図 **4.12** のように磁極のそばに導体を置いた。つぎの問に答えなさい。

（ a ）　　　　　（ b ）　　　　　（ c ）　　　　　（ d ）　　　　図 **4.12**

（1）　導体に図（ a ），（ b ）の向きの電流を流したとき，導体が受ける電磁力の向きを矢印で図に示しなさい。

（2）　図（ c ），（ d ）において，矢印の向きに電磁力が生じるような電流の向きを図に示しなさい。

◆◇◆◇◆ **ステップ 2** ◆◇◆◇◆

□ **1**　磁束密度 3.2 T の平等磁界内に有効長さ 15 cm の導体を磁界と直角に置く。これに電流 2.5 A を流した。導体に働く電磁力 F 〔N〕を求めなさい。

答 $F =$ _____

□ **2**　図 **4.13** のように線間距離 5 cm の平行導体の一端を接続し，他端に電源をつないで電流 I = 50 A を流した。導体 1 m あたりに働く電磁力の大きさ f 〔N/m〕と向きを求めなさい。

図 4.13

答 $f =$ _____

◆◇◆◇◆ **ステップ 3** ◆◇◆◇◆

□ **1**　図 **4.14** のように，平等磁界内に有効長さ l = 45 mm，幅 D = 35 mm，巻数 N = 30 の回転コイルを，磁束密度 B = 2.6 T の平等磁界内に置き，これに電流 I = 800 mA を流した。コイルが図の位置のと

ヒント！
$F = NBIl$
$T = FD$

き，コイル辺（abおよびcb）が受ける電磁力 F〔N〕の働く向きと大きさ，コイルに生じるトルク T〔N·m〕の向きと大きさを求めなさい。

$B = 2.6$ T
コイルの寸法　$l = 45$ mm
　　　　　　　$D = 35$ mm
コイルの巻数　$N = 30$

図4.14

〔答〕$F =$＿＿＿＿＿＿＿＿　$T =$＿＿＿＿＿＿＿＿

❷　図4.15のように，0.8Tの平等磁界内に，長さ140cmの導体AB を磁界の向きと直角に置き，電流を流したとき，上向きに7.8Nの力が働いた。つぎの問に答えなさい。

電磁力 F　140 cm
B
N　S
A　0.8 T

図4.15

（1）　電流の大きさ I〔A〕を求めなさい。

ヒント！
$F = BIl$
$I = \dfrac{F}{Bl}$

〔答〕$I =$＿＿＿＿＿＿＿＿

（2）　導体ABに流れる電流の向きを図に示しなさい。

❸　図4.16のように，磁束密度1.5Tの磁界内に，導体の長さ30cm を磁界の向きに対して60°に置いて，8Aの電流を流した。働く電磁力 F〔N〕を求めなさい。

ヒント！
$F = BIl\sin\theta$

30 cm
N　$I = 8$ A　S
60°
$B = 1.5$ T

図4.16

〔答〕$F =$＿＿＿＿＿＿＿＿

4.4　磁気回路と磁性体

トレーニングのポイント

① **比透磁率** μ_r　　透磁率 μ 〔H/m〕と真空の透磁率 μ_0〔H/m〕との比

$$\mu_r = \frac{\mu}{\mu_0} \qquad \therefore \quad \mu = \mu_0 \mu_r$$

② **ヒステリシス曲線**（図 4.17）

磁化力 H_c を保磁力

磁束密度 B_r を残留磁気

保磁力 H_c の大きな強磁性体は，永久磁石に適している。

③ **起磁力**　　磁束が生じる原動力になる巻数 N と電流 I〔A〕

との積 NI をいう。

図 4.17

④ **磁気抵抗**　　平均磁路の長さ l〔m〕，断面積 A〔m²〕，透磁率 μ〔H/m〕とすると，

磁気抵抗 R_m〔H⁻¹〕は

$$R_m = \frac{NI}{\Phi} = \frac{l}{\mu A} \quad 〔\text{H}^{-1}〕$$

⑤ **磁束** Φ〔Wb〕，**起磁力** F_m〔A〕，**磁気抵抗** R_m〔H⁻¹〕**の関係**

$$\Phi = \frac{F_m}{R_m} \quad 〔\text{Wb}〕$$

◆◆◆◆◆ **ステップ 1** ◆◆◆◆◆

□ **❶** つぎの文の（　　　）に適切な語句や記号を入れなさい。

（1）　磁石の近くに鉄を置くとその鉄は磁気を帯びる。この現象を（　　　）①といい，磁界中で磁化される物質を（　　　）②という。物質中を通る磁束の通りやすさを表した（　　　）③は物質により異なり，透磁率 μ と真空の透磁率 μ_0 との比を（　　　）④といい，量記号に μ_r を用いる。

（2）　比透磁率 $\mu_r \gg 1$ の物質である鉄，コバルト，ニッケル，マンガンなど，他の物質に比べ強く磁化されるものを（　　　）①という。

　　比透磁率 $\mu_r > 1$ の物質であるアルミニウムのように，強磁性体に比べてわずかしか磁化されないものを（　　　）②という。

　　比透磁率 $\mu_r < 1$ の物質である銅，金，亜鉛は，強磁性体と反対の向きにきわめてわずかに磁化されるので（　　　）③という。

（3）　磁束密度 B と磁化力 H との関係を示す曲線を（　　　　　）①曲線という。磁化力 H_c を
（　　　　　）②，磁束密度 B_r を（　　　　　）③という。

（4）　磁束が生じるもとになる NI を（　　　　　）①といい，量記号に F_m，単位にアンペア〔A〕
を用いる。また，起磁力 F_m によって磁束 ϕ が通る道を（　　　　　）②という。

‖‖‖‖‖‖‖　**例題　3**　‖‖‖

図 4.18 のような環状コイルがある。平均磁路の長さ $l = 70\,\mathrm{cm}$，断面積 $A = 8\,\mathrm{cm}^2$，鉄心の比
透磁率 $\mu_r = 2\,000$ のときの磁気抵抗 R_m〔$\mathrm{H^{-1}}$〕を求めなさい。

図 4.18

解 答

平均磁路の長さ $l = 70 \times 10^{-2}\,\mathrm{m}$，断面積 $A = 8 \times 10^{-4}\,\mathrm{m}^2$，透磁率 $\mu = \mu_0 \mu_r = 4\pi \times 10^{-7} \times 2\,000$
であるので，磁気抵抗 R_m〔$\mathrm{H^{-1}}$〕は

$$R_m = \frac{l}{\mu A} = \frac{70 \times 10^{-2}}{4\pi \times 10^{-7} \times 2\,000 \times 8 \times 10^{-4}} = 3.48 \times 10^5\,\mathrm{H^{-1}}$$

◆◆◆◆◆　**ステップ　2**　◆◆◆◆◆

□**❶**　平均磁路の長さ $l = 75\,\mathrm{cm}$ の環状鉄心に，$N = 250$ 回 のコイルを巻いて電流 $I = 6\,\mathrm{A}$ を流
した。このときの起磁力 F_m〔kA〕および磁気抵抗 R_m〔$\mathrm{H^{-1}}$〕を求めなさい。ただし，透磁
率 $\mu = 4.4 \times 10^{-3}\,\mathrm{H/m}$，鉄心の断面積 $A = 3 \times 10^{-4}\,\mathrm{m}^2$ とする。

答 $F_m =$ ＿＿＿＿＿＿＿　　$R_m =$ ＿＿＿＿＿＿＿

□**❷**　巻数 $N = 150$ 回 のコイルに電流 $I = 4\,\mathrm{A}$ を流したとき，コイルに $\phi = 2.5 \times 10^{-2}\,\mathrm{Wb}$ の磁
束が生じた。このときの起磁力 F_m〔A〕および磁気抵抗 R_m〔$\mathrm{H^{-1}}$〕を求めなさい。

答 $F_m =$ ＿＿＿＿＿＿＿　　$R_m =$ ＿＿＿＿＿＿＿

◆◆◆◆◆ **ステップ 3** ◆◆◆◆◆

□ **1** 平均磁路の長さが 45 cm, 断面積が 6 cm², 比透磁率が 1 500, 巻数 300 の環状コイルに, 電流を 1.5 A 流したとき, つぎの問に答えなさい。

（1）　磁気抵抗 R_m〔H^{-1}〕を求めなさい。

ヒント**!**

$$R_m = \frac{l}{\mu_0 \mu_r A}$$

〔答〕 $R_m =$ _____

（2）　起磁力 F_m〔A〕と磁束 Φ〔Wb〕を求めなさい。

ヒント**!**

$$F_m = NI$$
$$\Phi = \frac{F_m}{R_m}$$

〔答〕 $F_m =$ _____

$\Phi =$ _____

□ **2** 磁気抵抗 200 H⁻¹, 磁束 15 Wb の磁気回路に電流を 8 A 流した。この磁気回路の起磁力 F_m〔kA〕と巻数 N を求めなさい。

ヒント**!**

$$F_m = NI = R_m \Phi$$
$$N = \frac{F_m}{I}$$

〔答〕 $F_m =$ _____

$N =$ _____

4.5　電 磁 誘 導

トレーニングのポイント

① **電磁誘導に関するファラデーの法則**　電磁誘導によってコイルに誘導される起電力は，そのコイルを貫く磁束の時間に対する変化の割合に比例する。

② **レンツの法則**　電磁誘導によって生じる誘導起電力は，もとの磁束の変化を妨げるような向きに生じる。

③ **フレミングの右手の法則**　誘導起電力の向きは，図4.19のフレミングの右手の法則に従う。

図 4.19

④ **磁界内を運動する導体の誘導起電力の大きさ**　図4.20のように，運動方向と垂直をなす部分の長さが l〔m〕の導体が，磁束密度 B〔T〕の平等磁界内を，磁束 Φ と θ の角度をなす向きに一定速度 v〔m/s〕で運動しているとき，誘導起電力 e〔V〕は

$$e = Blv \sin \theta \text{〔V〕}$$

図 4.20

◆◆◆◆◆ **ステップ 1** ◆◆◆◆◆

□ **1**　つぎの文の（　　　）に適切な語句を入れなさい。

（1）　コイルを貫く磁束が変化すると起電力が発生し，回路に電流が流れる。この現象を（　　　　　）①といい，これによって生じる起電力を（　　　　　）②，流れる電流を（　　　　　）③という。

　　電磁誘導によってコイルに誘導される起電力は，そのコイルを貫く磁束の（　　　）④に対する変化の割合に（　　　）⑤する。これを電磁誘導に関する（　　　　　）⑥の法則という。

（2）　電磁誘導によって生じる起電力は，もとの磁束の変化を（　　　　　）①ような向きに生じる。これを（　　　　）②の法則という。

□ **2**　図4.21（a）のように，磁石を ← の向きに動かしたときと，図（b）のようにコイルを → の向きに動かしたときに，コイルに生じる起電力の向きを矢印で示しなさい。

（a）   （b）   図 **4.21**

◆◆◆◆◆ **ステップ 2** ◆◆◆◆◆

〟〟〟〟〟〟 例題 4 〟〟〟〟〟〟〟〟〟〟〟〟〟〟〟〟〟〟〟〟〟〟〟〟〟〟〟〟〟〟〟〟〟〟〟〟〟〟〟

巻数が 800 回のコイルがある。このコイルを貫く磁束が 0.5 秒間に 4.8×10^{-3} Wb から 0.3×10^{-3} Wb に変化したとき，コイルに生じる誘導起電力 e 〔V〕を求めなさい。

解 答

$N = 800$ 回，$\Delta\Phi = (0.3 \times 10^{-3} - 4.8 \times 10^{-3})$Wb，$\Delta t = 0.5$ 秒 であるので，電磁誘導によってコイルに生じる誘導起電力 e 〔V〕は

$$e = -N\frac{\Delta\Phi}{\Delta t} = -N\frac{\Phi_2 - \Phi_1}{t_2 - t_1} = -800 \times \frac{0.3 \times 10^{-3} - 4.8 \times 10^{-3}}{0.5 - 0} = 7.2\,\text{V}$$

□**1** 磁束密度 $B = 1.2$ T の平等磁界内に，これと垂直に $l = 75$ cm の導体を置き，これを磁界および導体の長い方向と直角に速度 $v = 15$ m/s で運動させたとき，生じる誘導起電力の大きさ e 〔V〕を求めなさい。

答 $e =$ _____

◆◆◆◆◆ **ステップ 3** ◆◆◆◆◆

□**1** 0.8 Wb の磁束が貫いているコイルがある。0.5 秒間に磁束を 0 Wb にしたところ，600 V の誘導起電力が生じた。このコイルの巻数 N を求めなさい。

ヒント！
$$e = -N\frac{\Delta\Phi}{\Delta t}$$
$$N = -e\frac{\Delta t}{\Delta\Phi}$$
$$= -e\frac{t_2 - t_1}{\Phi_2 - \Phi_1}$$

答 $N =$ _____

□**2** 図 **4.22** のように，磁束密度 $B = 1.6$ T の平等磁界内で，長さ $l = 25$ cm の導体を磁界とそれぞれ 30°，60°，90° の向きにいずれも 12

ヒント！
$$e = Blv\sin\theta$$

m/s の一定速度で運動させたとき，それぞれの場合に生じる誘導起電

力の大きさ e_{30}, e_{60}, e_{90} 〔V〕を求めなさい。

図 4.22

答　$e_{30} =$ _____

$e_{60} =$ _____

$e_{90} =$ _____

□ **3**　巻数 500 回のコイルの磁束が**図 4.23** のように変化した。このとき

発生した起電力の大きさ e 〔V〕を求めなさい。

ヒント！

$e = -N \dfrac{\Delta \Phi}{\Delta t}$

大きさを求めるとき，極性は不問となるので，数値に－符号は付けない。

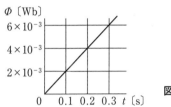

図 4.23

答　$e =$ _____

□ **4**　**図 4.24** のように，磁束密度 1.5 T の平等磁界内で 30 Ω の抵抗と導

体 a-b，c-d を接続し，その上に導体 AB を磁界の向きと直角に置き，

導体 AB を右方向に $v = 30$ m/s の速さで移動させた。ただし，導体

どうしの接触抵抗は無視するものとする。

図 4.24

（1）　導体 AB に生じる起電力の大きさ e 〔V〕を求めなさい。

答　$e =$ _____

ヒント！

$e = Blv$

（2）　抵抗に流れる電流の向きと大きさ I 〔A〕を求めなさい

答　電流の向き _____　$I =$ _____

ヒント！

$I = \dfrac{V}{R}$

（3）　導体 AB に働く電磁力 F 〔N〕を求めなさい。

答　$F =$ _____

ヒント！

$F = BIl$

4.6 自己誘導と相互誘導

トレーニングのポイント

① 自己インダクタンス L, 相互インダクタンス M と誘導起電力 e, e_1, e_2 （図 4.25）

$$e = -L\frac{\Delta I}{\Delta t}\ (\text{V}), \qquad e_1 = -M\frac{\Delta I_2}{\Delta t}, \qquad e_2 = -M\frac{\Delta I_1}{\Delta t}\ (\text{V})$$

② L と M （図 4.25）

$$L = \frac{N\Phi}{I}\ (\text{H}),$$

$$M = \frac{N_2\Phi_1}{I_1} = \frac{N_1\Phi_2}{I_2}\ (\text{H})$$

（a）自己誘導　　　　　（b）相互誘導

図 4.25

③ 環状コイルの L

$$L = \frac{N\Phi}{I} = \frac{\mu_0\mu_r N^2 A}{l}\ (\text{H})$$

④ 円筒コイルの L

$$L = \lambda\frac{\mu_0\mu_r N^2 \pi r^2}{l}\ (\text{H})$$

（λ：長岡係数）

⑤ 環状コイルの M

$$M = \frac{\mu_0\mu_r N_1 N_2 A}{l}\ (\text{H})$$

⑥ M と L および結合係数 k

$$M = k\sqrt{L_1 L_2}\ (\text{H})$$

⑦ インダクタンスの差動接続，和動接続

差動接続　$L = L_1 + L_2 - 2M$ 〔H〕

和動接続　$L = L_1 + L_2 + 2M$ 〔H〕

⑧ コイルに蓄えられる電磁エネルギー W, w

$$W = \frac{1}{2}LI^2\ (\text{J}), \quad w = \frac{1}{2}BH\ (\text{J/m}^3)$$

◆◆◆◆◆ ステップ 1 ◆◆◆◆◆

□ **1** つぎの文の（　　）に適切な語句や記号を入れなさい。

図 4.25(b)において,コイル A に電流を流し,その電流が変化するとコイル B に（　　　　）① が生じる。この現象を（　　　　　）②という。コイル B に生じる起電力は，コイル A に流れる電流の時間変化の割合に（　　　）③する。その比例定数を（　　　　　　）④といい，単位記号には（　）⑤を用いる。

❖❖❖❖❖ ステップ 2 ❖❖❖❖❖

□ **1** 相互インダクタンス $M=0.7\,\mathrm{H}$ の相互誘導回路がある。一次コイルの電流 I_1 が 0.3 秒間に 0 A から 15 A になったとすれば，二次コイルの誘導起電力の大きさ e〔V〕を求めなさい。

〔答〕 $e =$ _____

□ **2** 環状鉄心に巻数 $N_1=200$，$N_2=300$ の一次，二次のコイルが巻いてある。一次コイルに電流 $I_1=4\,\mathrm{A}$ を流したとき，鉄心の磁束が $3\times10^{-3}\,\mathrm{Wb}$ となった。相互インダクタンス M〔mH〕を求めなさい。

ヒント！
$$M = \frac{N_2 \Phi_1}{I_1}$$

〔答〕 $M =$ _____

□ **3** $L=300\,\mathrm{mH}$ のコイルに電流 $I=12\,\mathrm{A}$ を流したとき，コイルに蓄えられる電磁エネルギー W〔J〕を求めなさい。

〔答〕 $W =$ _____

❖❖❖❖❖ ステップ 3 ❖❖❖❖❖

□ **1** 真空中に置かれた直径 2.4 cm，長さ 4 cm，一様に 100 回巻いた円筒コイルがある。ただし，円筒コイル内には透磁率 $\mu_r=2\,000$ の鉄心が入れてある。漏れ磁束を考慮した自己インダクタンス L〔mH〕を求めなさい。ここで，長岡係数 $\lambda=0.789$ とする。

ヒント！
$$L = \frac{\lambda \mu_0 \mu_r N^2 \pi r^2}{l}$$

〔答〕 $L =$ _____

□ **2** 図 4.26 に示すように，半径 $r=8\,\mathrm{cm}$，磁路の断面積 $A=4\,\mathrm{cm}^2$，比透磁率 $\mu_r=2\,000$，一次コイル P の巻数 200，二次コイル S の巻数 1 000 の相互誘導コイルがある。コイルの自己インダクタンス L_1〔mH〕，L_2〔H〕および相互インダクタンス M〔H〕を求めなさい。

ヒント！
$$\mu_0 = 4\pi \times 10^{-7}\,\mathrm{H/m}$$
$$L = \frac{\mu_0 \mu_r N^2 A}{l}$$
$$M = \frac{\mu_0 \mu_r N_1 N_2 A}{l}$$

図 4.26

答 $L_1 =$ _____ $L_2 =$ _____ $M =$ _____

□ **3** **2** のコイルの自己インダクタンスの値がそれぞれ 150 mH，250 mH で，相互インダクタンスを 170 mH とすると，両コイルの結合係数 k の値を求めなさい。

ヒント ！
$M = k\sqrt{L_1 L_2}$
$k = \dfrac{M}{\sqrt{L_1 L_2}}$

答 $k =$ _____

□ **4** 図 4.27 のように直列接続され，電磁結合している二つのコイルのインダクタンスが $L_1 = 30$ mH，$L_2 = 60$ mH のとき，合成自己インダクタンス L が 110 mH であった。相互インダクタンス M〔mH〕を求めなさい。また，二つのコイルは和動接続か，差動接続されているか答えなさい。

ヒント ！
$L = L_1 + L_2 \pm 2M$

$L_1 = 30$ mH M $L_2 = 60$ mH

図 4.27

答 $M =$ _____   接続 _____

□ **5** 一次コイルに 120 V を加えると，二次コイルに 30 V の電圧が発生する変圧器がある。一次コイルの巻数 N_1 が 300 のとき，二次コイルの巻数 N_2 を求めなさい。

ヒント ！
$\dfrac{e_1}{e_2} = \dfrac{N_1}{N_2}$
$N_2 = N_1 \dfrac{e_2}{e_1}$

答 $N_2 =$ _____

5 交流回路

5.1 正弦波交流

〔1〕 正弦波交流の基礎

トレーニングのポイント

① **正弦波交流** 時間の経過とともに極性が周期的にかつ正弦波状に変化する電圧や電流。

② **瞬時式** 電圧の最大値を E_m, 磁界と導体の角度を θ とすると, 瞬時式 e〔V〕は
$$e = E_m \sin \theta \ \text{〔V〕}$$

③ **瞬時値** 瞬時式で表す関数式において, ある角度 θ_1 における電圧の大きさで, e_1 などと表す。

④ **周期 T〔s〕と周波数 f〔Hz〕の関係**
$$T = \frac{1}{f} \ \text{〔s〕}, \quad f = \frac{1}{T} \ \text{〔Hz〕}$$

◆◆◆◆◆ ステップ 1 ◆◆◆◆◆

□**1** つぎの文の (   ) に適切な語句を入れなさい。

(1) 正弦波交流とは, 時間の経過とともに (   )① が (   )② にかつ正弦波状に変化する電圧や電流をいう。

(2) 正弦波交流の波形を表す関数式を (   )① といい, 電圧の場合 e または v の量記号で表す。

(3) 周期的に変化する波形の1サイクルに要する時間を (   )① といい, 量記号は T, 単位は〔s〕で表す。また, この波形で1秒間に繰り返す周期の数を (   )② といい, 量記号は f, 単位は〔Hz〕で表す。

◆◆◆◆◆ ステップ 2 ◆◆◆◆◆

□**1** 交流電圧が瞬時式 $e = 10 \sin \theta$〔V〕で表され, θ がつぎのとき, 電圧 e_1, e_2, e_3〔V〕を求めなさい。

(1) 60° (2) 90° (3) 240° (4) 270°

ヒント！
$e = 10 \sin \theta$〔V〕で θ に角度を代入。

答 （1）＿＿＿＿＿＿＿＿＿   （2）＿＿＿＿＿＿＿＿＿

（3）＿＿＿＿＿＿＿＿＿   （4）＿＿＿＿＿＿＿＿＿

□**2**　周波数がつぎのとき，交流の周期を求めなさい。

（1）　50 Hz　　（2）　100 Hz　　（3）　4 kHz　　（4）　15 MHz

ヒント！

f〔Hz〕$=\dfrac{1}{T}$〔s〕

$1\,k=10^3$

$1\,M=10^6$

答 （1）＿＿＿＿＿＿＿＿＿   （2）＿＿＿＿＿＿＿＿＿

（3）＿＿＿＿＿＿＿＿＿   （4）＿＿＿＿＿＿＿＿＿

□**3**　周期がつぎのとき，交流の周期を求めなさい。

（1）　0.25 s　　（2）　4 ms　　（3）　80 μs　　（4）　20 ns

ヒント！

T〔s〕$=\dfrac{1}{f}$〔Hz〕

$1\,m=10^{-3}$

$1\,\mu=10^{-6}$

$1\,n=10^{-9}$

答 （1）＿＿＿＿＿＿＿＿＿   （2）＿＿＿＿＿＿＿＿＿

（3）＿＿＿＿＿＿＿＿＿   （4）＿＿＿＿＿＿＿＿＿

◆◆◆◆◆◆ **ステップ　3** ◆◆◆◆◆◆

□**1**　最大値 $V_m=50$ V，磁界と導体が作る角度を θ とするとき，つぎの問に答えなさい。

（1）　瞬時式 v を求めなさい。

ヒント！

$v=V_m\sin\theta$〔V〕に V_m と θ を代入。

答 （1）＿＿＿＿＿＿＿＿＿＿＿＿＿

（2）　θ が**表5.1**の値であるとき，v を記入なさい。

表5.1

θ〔°〕	0	30	60	90	120	150	180	210	240	270	300	330	360
v〔V〕				50			0			−50			

〔2〕　正弦波交流の取り扱い（1）

トレーニングのポイント

① 交流電圧・電流の表し方

（1）　**最大値**　瞬時値のうちで最大の値をいい，量記号に $V_m(E_m)$, I_m を用いる。

（2）　**実効値**　交流の電圧・電流について，t 秒間に同じ電力量を消費する直流の電圧・電流に換算した値をいい，量記号に E, V, I を用いる。

（3）　**平均値**　瞬時式の正または負の半周期分を平均した値をいい，量記号に E_{av}, V_{av}, I_{av} を用いる。

② 最大値，実効値，平均値の関係

$$V = \frac{1}{\sqrt{2}} V_m, \quad V_{av} = \frac{2}{\pi} V_m, \quad V_m = \sqrt{2}\, V = \frac{\pi}{2} V_{av}$$

電流のときは，上式を I_m, I, I_{av} に置き換える。

◆◆◆◆◆ ステップ 1 ◆◆◆◆◆

□ **1** つぎの文の（　　）に適切な語句や記号，数値を入れなさい。

（1）　瞬時値のうちで最大の値を（　　　）①といい，電流の場合，量記号は（　　　）②で表す。

（2）　実効値とは，交流の電圧・電流について t 秒間に同じ（　　　）①を消費する直流の電圧・電流に換算した値である。

（3）　瞬時式の正または負の（　　　）①分を平均した値を平均値という。

（4）　最大値が E_m のとき，実効値は（　　　）①，平均値は（　　　）②で表すことができる。

◆◆◆◆◆ ステップ 2 ◆◆◆◆◆

□ **1** つぎに示す実効値の最大値を求めなさい。

（1）　100 V　　（2）　5 A　　（3）　180 mV　　（4）　20 μA

答　（1）＿＿＿＿＿＿＿＿　　（2）＿＿＿＿＿＿＿＿

（3）＿＿＿＿＿＿＿＿　　（4）＿＿＿＿＿＿＿＿

ヒント！
$V_m = \sqrt{2}\, V$〔V〕
$I_m = \sqrt{2}\, I$〔A〕
に代入。

□ **2** つぎに示す最大値の平均値を求めなさい。

（1）　6 mA　　（2）　18 mV　　（3）　1.5 A　　（4）　100 V

答　（1）＿＿＿＿＿＿＿＿　　（2）＿＿＿＿＿＿＿＿

（3）＿＿＿＿＿＿＿＿　　（4）＿＿＿＿＿＿＿＿

ヒント！
$V_{av} = \frac{2}{\pi} V_m$
$I_{av} = \frac{2}{\pi} I_m$

□ **3** $v = 100\sqrt{2}\sin\theta$〔V〕の最大値，実効値，平均値を求めなさい。

ヒント！

$v = V_m\sin\theta$〔V〕から
最大値がわかる。

答 最大値＿＿＿＿＿＿   実効値＿＿＿＿＿＿   平均値＿＿＿＿＿＿

◆◆◆◆◆ **ステップ 3** ◆◆◆◆◆

□ **1** 図5.1は正弦波交流電圧の波形である。つぎの値を求めなさい。

（1） 最大値 E_m〔V〕

（2） 実効値 E〔V〕

（3） 平均値 E_{av}〔V〕

（4） ピークピーク値 E_{pp}〔V〕

（5） 瞬時式 e〔V〕

ヒント！

ピークピーク値 E_{pp}
は，最大値と最小値
（負の最大値）との差。

図5.1

答 （1）＿＿＿＿＿＿＿＿   （2）＿＿＿＿＿＿＿＿

（3）＿＿＿＿＿＿＿＿   （4）＿＿＿＿＿＿＿＿

（5）＿＿＿＿＿＿＿＿＿＿

〔3〕 正弦波交流の取り扱い（2）

┌─────── **トレーニングのポイント** ───────┐

① **度数法と弧度法の関係** $360° = 2\pi$〔rad〕 $180° = \pi$〔rad〕

② **角周波数と周波数の関係** $\omega = 2\pi f$〔rad/s〕

③ **角周波数による瞬時式の表し方** $e = E_m\sin\omega t$〔V〕

④ **位相（位相角）** $e = E_m\sin(\omega t - \varphi)$〔V〕で表される電圧では，$(\omega t - \varphi)$〔rad〕を位
相または位相角という。また，$t = 0$ のときの $-\varphi$〔rad〕を初位相という。

⑤ **位相差** $e = E_m\sin\omega t$〔V〕と $i = I_m\sin(\omega t + \varphi)$〔A〕において，$e$ と i との位相差
は φ であり，「i は e より φ〔rad〕位相が進んでいる」という。

└──────────────────────────┘

◆◆◆◆◆ **ステップ 1** ◆◆◆◆◆

□ **1** つぎの文の（   ）に適切な語句や記号，数値を入れなさい。

（1） ラジアン〔rad〕は（   ）①法の単位で，2π〔rad〕＝（   ）②°。で 1 rad
＝（   ）③°。である。

（2） 角速度を周波数で表す方法を（   ）①といい，量記号に ω を用いる。その単
位は（   ）②である。

（3）　$e = 100 \sin \omega t$ 〔V〕と $i = 8 \sin\left(\omega t - \dfrac{\pi}{3}\right)$ 〔A〕で，「i は e より（　　　）①〔rad〕位相

が（　　　）②」といえる。また，i の初位相は（　　　）③〔rad〕である。

◈◈◈◈◈ **ステップ 2** ◈◈◈◈◈

□**❶** 表5.2を完成させなさい。

表5.2

〔°〕	0			90	120			210	240		360
〔rad〕	0	$\dfrac{\pi}{6}$	$\dfrac{\pi}{3}$			$\dfrac{5}{6}\pi$	π			$\dfrac{3}{2}\pi$	

□**❷**　$e = 9\sqrt{2} \sin 1\,000\pi t$ 〔V〕について，つぎの間に答えなさい。

（1）　実効値 E〔V〕　　（2）　角周波数 ω〔rad/s〕

（3）　周波数 f〔Hz〕　　（4）　周期 T〔ms〕

ヒント！
$E = \dfrac{1}{\sqrt{2}} E_m$
$\omega = 2\pi f t$
$T = \dfrac{1}{f}$

答　（1）　$E =$ _____　　（2）　$\omega =$ _____

（3）　$f =$ _____　　（4）　$T =$ _____

◈◈◈◈◈ **ステップ 3** ◈◈◈◈◈

□**❶**　実効値 100 V，50 Hz，初位相 $\dfrac{\pi}{4}$〔rad〕の正弦波交流電圧の瞬時式

v〔V〕を求めなさい。

答　$v =$ _____

□**❷**　つぎのような電流 i_1，i_2〔mA〕がある。

$i_1 = 5\sqrt{2} \sin\left(120\pi t - \dfrac{\pi}{4}\right)$ 〔mA〕　　$i_2 = 8\sqrt{2} \sin\left(120\pi t + \dfrac{\pi}{3}\right)$ 〔mA〕

（1）　i_1 の角周波数 ω〔rad/s〕を求めなさい。

（2）　i_2 の周波数 f〔Hz〕を求めなさい。

（3）　i_1 の実効値 I_1〔mA〕を求めなさい。

（4）　i_2 の平均値 I_{av2}〔mA〕を求めなさい。

（5）　i_1 と i_2 の位相差を求めなさい。

ヒント！
平均値
$I_{av} = \dfrac{2}{\pi} I_m$

答　（1）　$\omega =$ _____　　（2）　$f =$ _____

（3）　$I_1 =$ _____　　（4）　$I_{av2} =$ _____　　（5）_____

5.2　正弦波交流とベクトル

〔1〕　ベクトルとベクトル図

トレーニングのポイント

①　**スカラ量**　　時間，温度，容積など，大きさだけで表示できる量

②　**ベクトル量**　　速度，力，磁界など，大きさと向きを持つ量

③　**ベクトルとベクトルの記号**　　作用する向きに，大きさに比例した長さの線分を描き，先端に矢印を付けて表したもので，$\dot{E}$ のように文字の上に・（ドット）を付けて表す。

④　**ベクトル図**　　$e = \sqrt{2}\, E \sin \omega t$〔V〕と $i = \sqrt{2}\, I \sin (\omega t + \varphi)$〔A〕のベクトルによる表示（**図 5.2**）

図 5.2

◆◆◆◆◆◆　**ステップ　1**　◆◆◆◆◆◆

□ **1**　つぎの文の（　　）に適切な語句や記号を入れなさい。

（1）　時間や温度などはその大きさだけを示せばよい。このような量を（　　）①量という。速度，（　　）②，（　　）③などは，大きさだけでなく作用する（　　）④も表示しなければ正しく表せない。このような量を（　　）⑤量という。

（2）　ベクトル図は，作用する向きに，（　　）①に比例した長さの線分を描き，先端に矢印を付けて表す。また，量記号の上に（　　）②を付けて，ベクトル量であることを表す。

（3）　$e = \sqrt{2}\, E \sin \omega t$〔V〕と $i = \sqrt{2}\, I \sin (\omega t + \varphi)$〔A〕をベクトルで表す場合，大きさはそれぞれの（　　）①値で，位相の関係は i は e より（　　）②〔rad〕進んでいる。

◆◆◆◆◆◆　**ステップ　2**　◆◆◆◆◆◆

□ **1**　$v_1 = 100\sqrt{2} \sin \omega t$〔V〕と $v_2 = 100\sqrt{2} \sin \left(\omega t - \dfrac{\pi}{6} \right)$〔V〕の関係をベクトル図で表しなさい。

ヒント！

1 の v_1 と v_2，**2** の i_1 と i_2 の大きさが等しいことに注意する。$-\dfrac{\pi}{6}$ は時計方向に進める。

答　ベクトル図

$\longrightarrow \dot{V}_1$

□**2**　$i_1 = 7\sqrt{2}\sin\omega t$〔mA〕と $i_2 = 7\sqrt{2}\sin\left(\omega t - \dfrac{3}{4}\pi\right)$〔mA〕の関係をベクトル図で表しなさい。

　　　　答 　ベクトル図

$\xrightarrow{\hspace{4cm}} \dot{i}_1$

◆◆◆◆◆◆ ステップ 3 ◆◆◆◆◆◆

□**1**　$v_1 = 6\sqrt{2}\sin\omega t$〔V〕と $v_2 = 6\sqrt{2}\sin\left(\omega t - \dfrac{\pi}{2}\right)$〔V〕の関係をベクトル図で表しなさい。また，ベクトル図からこの二つの電圧の和を求め，瞬時式 v で表しなさい。

　　　　答 　ベクトル図

$\xrightarrow{\hspace{4cm}} \dot{V}_1$

　　　　　　　　　　　　　　　　　　　　　答 　$v =$ _____

〔2〕 ベクトルの表示方法

トレーニングのポイント

① **直交座標表示**　図 5.3（a）において，$\dot{E} = (a,\ b)$ と表す。

② **極座標表示**　図 5.3（b）において，$\dot{E} = E\angle\varphi$ と表す。

（a）　　　　　　　　　　（b）　　　図 5.3

③ **表示形式の変換**　$e = \sqrt{2}\,E\sin(\omega t + \varphi)$〔V〕において

$\dot{E} = E\angle\varphi = (a,\ b) = (E\cos\varphi,\ E\sin\varphi)$〔V〕，　$\varphi = \tan^{-1}\dfrac{b}{a}$〔rad〕

◆◆◆◆◆ ステップ 1 ◆◆◆◆◆

□**1**　つぎの文の（　　　）に適切な記号を入れなさい。

（1）　$e = \sqrt{2}\,E\sin(\omega t + \varphi)$〔V〕の瞬時式を極座標表示では，$\dot{E} = ($　　　　$)$[①]と表す。ここ

で，X 軸方向の大きさを a，Y 軸方向の大きさを b とすると，$a = ($ 　　　　　$)^{②}$，$b =$
（　　　　　$)^{③}$となる。したがって，$\dot{E} = E\angle\varphi = (a,\ b) = ($ 　　　　，　　　　$)^{④}$〔V〕
と変換できる。

◆◆◆◆◆ **ステップ　2** ◆◆◆◆◆

□ **❶**　つぎの極座標表示されたベクトルの式を直交座標表示で表しなさい。

ヒント！
$V\angle\varphi$
$= (V\cos\varphi,\ V\sin\varphi)$

（1）　$\dot{V_1} = 200\angle\dfrac{\pi}{6}$〔V〕　　（2）　$\dot{I_1} = 12\angle-\dfrac{\pi}{3}$〔A〕

（3）　$\dot{V_2} = 100\angle\dfrac{\pi}{4}$〔V〕　　（4）　$\dot{I_2} = 16\angle\dfrac{2}{3}\pi$〔A〕

〔答〕（1）　$\dot{V_1} =$ _____　（2）　$\dot{I_1} =$ _____

　　　（3）　$\dot{V_2} =$ _____　（4）　$\dot{I_2} =$ _____

□ **❷**　つぎの直交座標表示されたベクトルの式を極座標表示で表しなさい。

ヒント！
$\dot{I} = I\angle\varphi$
$I = \sqrt{a^2 + b^2}$
$\varphi = \tan^{-1}\dfrac{b}{a}$
ただし，(3)(4) は
三角比から求める。

（1）　$\dot{V_1} = (200,\ 200)$〔V〕　　（2）　$\dot{I_1} = (12,\ -16)$〔A〕

（3）　$\dot{V_2} = (-100,\ 100\sqrt{3})$〔V〕　（4）　$\dot{I_2} = (-5\sqrt{3},\ -5)$〔A〕

〔答〕（1）　$\dot{V_1} =$ _____　（2）　$\dot{I_1} =$ _____

　　　（3）　$\dot{V_2} =$ _____　（4）　$\dot{I_2} =$ _____

◆◆◆◆◆ **ステップ　3** ◆◆◆◆◆

□ **❶**　つぎの瞬時式を極座標表示で表し，ベクトル図を作図しなさい。

ヒント！
ベクトル図は図 4.3
(b) 参照
ベクトルは実効値で表
す。
$V = \dfrac{1}{\sqrt{2}}V_m$

（1）　$v_1 = 45\sqrt{2}\sin\omega t$〔V〕　　〔答〕（1）　$\dot{V_1} =$ _____

（2）　$v_2 = 18\sin\left(\omega t - \dfrac{\pi}{6}\right)$〔V〕　　（2）　$\dot{V_2} =$ _____

（3）　$i_1 = 17\sqrt{2}\sin\left(\omega t - \dfrac{\pi}{4}\right)$〔A〕　　（3）　$\dot{I_1} =$ _____

（4）　$i_2 = 5\sin\left(\omega t + \dfrac{\pi}{3}\right)$〔A〕　　（4）　$\dot{I_2} =$ _____

ベクトル図

ベクトル図中の基線
は，基準ベクトルとし
て利用する。

(1)　　　　(2)　　　　(3)　　　　(4)

_____　　_____　　_____　　_____

□ **2**　つぎの瞬時式を直交座標表示で表し，ベクトル図を作図しなさい。

（1）　$v_1 = 5\sqrt{2}\,\sin\omega t$〔V〕

（2）　$v_2 = 100\sqrt{2}\,\sin(\omega t - 120°)$〔V〕

（3）　$i_1 = 25\sin\left(\omega t + \dfrac{3}{2}\pi\right)$〔A〕

（4）　$i_2 = 3\sqrt{2}\,\sin\left(\omega t + \dfrac{\pi}{4}\right)$〔A〕

ヒント！

ベクトル図は図 4.3
（a）参照

〔答〕（1）$\dot{V}_1 =$ ＿＿＿＿＿＿＿＿　（2）$\dot{V}_2 =$ ＿＿＿＿＿＿＿＿

　　　（3）$\dot{I}_1 =$ ＿＿＿＿＿＿＿＿　（4）$\dot{I}_2 =$ ＿＿＿＿＿＿＿＿

　　　ベクトル図

(1) 　　(2)　　(3)　　(4)

□ **3**　つぎの電圧，電流について，いずれかを基準にしたときのベクトルの式を極座標表示で求めなさい。また，その関係をベクトル図に表しなさい。

$$e = 100\sqrt{2}\,\sin\left(\omega t + \frac{\pi}{3}\right)\text{〔V〕}$$

$$i = 4\sqrt{2}\,\sin\left(\omega t + \frac{\pi}{6}\right)\text{〔A〕}$$

ヒント！

e と i の位相差を求める。

$\dot{E}$ と $\dot{I}$ を同一のベクトル図上に描くとき，その位相関係を表すもので，E と I の大きさは比較する対象にならない。

〔答〕$\dot{E} =$ ＿＿＿$\angle 0°$〔V〕　→　$\dot{I} =$ ＿＿＿$\angle$ ＿＿〔A〕

　　　$\dot{I} =$ ＿＿＿$\angle 0°$〔A〕　→　$\dot{E} =$ ＿＿＿$\angle$ ＿＿〔V〕

　　　ベクトル図

5.3 交流回路の計算

〔1〕 R, L, C だけの基本回路

┌─────────── トレーニングのポイント ───────────┐

電源電圧 e〔V〕と等しい下記の正弦波交流電圧が加えられたとき

$$v = \sqrt{2}\, V \sin \omega t \ 〔V〕 \quad ただし \quad \omega = 2\pi f \,〔rad/s〕$$

① 抵抗 R だけの回路

$$I = \frac{V}{R} \ 〔A〕, \quad i = \sqrt{2}\, I \sin \omega t \ 〔A〕$$

② インダクタンス L だけの回路

誘導リアクタンス $X_L = \omega L = 2\pi f L$ 〔Ω〕

$$I = \frac{V}{X_L} = \frac{V}{2\pi f L} \ 〔A〕, \quad i = \sqrt{2}\, I \sin\left(\omega t - \frac{\pi}{2}\right) \ 〔A〕$$

③ 静電容量 C だけの回路

容量リアクタンス $X_C = \dfrac{1}{\omega C} = \dfrac{1}{2\pi f C}$ 〔Ω〕

$$I = \frac{V}{X_C} = \frac{V}{\dfrac{1}{2\pi f C}} = 2\pi f C V \ 〔A〕$$

$$i = \sqrt{2}\, I \sin\left(\omega t + \frac{\pi}{2}\right) \ 〔A〕$$

└───┘

◆◆◆◆◆ **ステップ 1** ◆◆◆◆◆

□**1** つぎの文の（　　　）に適切な語句や記号，数値を入れなさい。

（1）　抵抗 R〔Ω〕だけの回路に交流電圧 $\dot{V}$〔V〕を加えると，電圧と（　　　）①の電流が流れ，その大きさは $I =$（　　　）②〔A〕となる。

（2）　インダクタンス L〔H〕に交流電圧 $\dot{V}$〔V〕を加えると，電流 $\dot{I}$ は $\dot{V}$ より（　　　）①〔rad〕だけ位相が（　　　）②。

（3）　静電容量 C〔F〕に交流電圧 $\dot{V}$〔V〕を加えると，電流 $\dot{I}$ は $\dot{V}$ より（　　　）①〔rad〕だけ位相が（　　　）②。

◈◈◈◈◈ **ステップ 2** ◈◈◈◈◈

□**❶** $R = 25\,\Omega$ の抵抗に $f = 50\,\text{Hz}$, $V = 100\,\text{V}$ の交流電圧を加えたとき, 流れる電流 I は何〔A〕か。また, 電圧と電流の関係をベクトル図に表しなさい。

〔答〕 $I =$ _____ ベクトル図

$\xrightarrow{\hspace{3cm}} \dot{V}$

□**❷** $L = 0.04\,\text{H}$ のコイルに $f = 50\,\text{Hz}$, $V = 100\,\text{V}$ の交流電圧を加えたとき, 誘導リアクタンス X_L 〔Ω〕 と, 流れる電流 I 〔A〕を求めなさい。また, 電圧と電流の関係をベクトル図に表しなさい。

〔答〕 $X_L =$ _____ $I =$ _____ ベクトル図

$\xrightarrow{\hspace{3cm}} \dot{V}$

□**❸** $C = 100\,\mu\text{F}$ のコンデンサに $f = 60\,\text{Hz}$, $V = 100\,\text{V}$ の交流電圧を加えたとき, 容量リアクタンス X_C 〔Ω〕 と流れる電流 I 〔A〕を求めなさい。また, 電圧と電流の関係をベクトル図に表しなさい。

〔答〕 $X_C =$ _____ $I =$ _____ ベクトル図

$\xrightarrow{\hspace{3cm}} \dot{V}$

◆◆◆◆◆ **ステップ 3** ◆◆◆◆◆

□**❶** $C=1\,\mu\mathrm{F}$ のコンデンサに $v=100\sqrt{2}\sin100\pi t$ 〔V〕の電圧を加えたとき，つぎの問に答え
なさい。

（1）　この回路に使われる電源の周波数 f〔Hz〕

（2）　容量リアクタンス X_C〔kΩ〕

（3）　回路と流れる電流 I〔mA〕

（4）　電流の瞬時式 i〔mA〕

（5）　$\dot{V}$ を基準とする $\dot{I}$ のベクトル図

〔答〕（1）__$f=$_____（2）__$X_C=$_____（3）__$I=$_____

（4）__$i=$_____

（5）__ベクトル図__

$$\xrightarrow{\hspace{3cm}} \dot{V}$$

□**❷** $L=0.5\,\mathrm{H}$ のコイルに，交流電圧 $V=12\,\mathrm{V}$ を加えたところ，電流 $I=10\,\mathrm{mA}$ が流れた。誘
導リアクタンス X_L〔kΩ〕と電源の周波数 f〔Hz〕を求めなさい。

〔答〕__$X_L=$_____　__$f=$_____

□**❸** コンデンサ C に $f=1\,\mathrm{kHz}$，$V=5\,\mathrm{V}$ の交流電圧を加えたところ，電流 $I=2\,\mathrm{A}$ が流れた。
容量リアクタンス X_C〔Ω〕と静電容量 C〔μF〕の値を求めなさい。

〔答〕__$X_C=$_____　__$C=$_____

〔2〕 *R*, *L*, *C* 直列回路

| トレーニングのポイント |

① *R-L* 直列回路

$$Z = \sqrt{R^2 + X_L{}^2} \ \text{〔}\Omega\text{〕}, \quad I = \frac{V}{Z} = \frac{V}{\sqrt{R^2 + X_L{}^2}} \ \text{〔A〕}, \quad \varphi = \tan^{-1}\frac{X_L}{R}$$

② *R-C* 直列回路

$$Z = \sqrt{R^2 + X_C{}^2} \ \text{〔}\Omega\text{〕}, \quad I = \frac{V}{Z} = \frac{V}{\sqrt{R^2 + X_C{}^2}} \ \text{〔A〕}, \quad \varphi = \tan^{-1}\frac{X_C}{R}$$

③ *R-L-C* 直列回路 （$X_L > X_C$ のとき）

$$Z = \sqrt{R^2 + \left(X_L - X_C\right)^2} \ \text{〔}\Omega\text{〕}, \quad I = \frac{V}{Z} = \frac{V}{\sqrt{R^2 + \left(X_L - X_C\right)^2}} \ \text{〔A〕}, \quad \varphi = \tan^{-1}\frac{X_L - X_C}{R}$$

◆◆◆◆◆◆ ステップ 1 ◆◆◆◆◆◆

□ **1** つぎの文の（　　）に適切な語句や記号を入れなさい。

（1） *R-L* 直列回路は（　　　　）①性で電流が（　　　　）②より（　　　　）③位相となり，インピーダンスは次式で表される。Z＝（　　　　　　）④〔Ω〕

（2） *R-C* 直列回路は（　　　　）①性で電流が（　　　　）②より（　　　　）③位相となり，インピーダンスは次式で表される。Z＝（　　　　　　）④〔Ω〕

（3） *R-L* 直列回路，*R-C* 直列回路において，電圧と電流の位相差 θ はそれぞれ（　　　　　）①，（　　　　　）②で求める。

□ **2** 図5.4（a）の *R-L-C* 直列回路において，（　　　）に適切な語句や記号を入れなさい。

（1） 図5.4（b）から $X_L > X_C$ の回路では，*I* は *V* より φ だけ位相が（　　　　　　）①。回路の性質は，（　　　　　）②性となる。このとき，合成リアクタンス *X* は（　　　　　　）③で求められ，この結果インピーダンス *Z* は（　　　　　　　　）④となる。

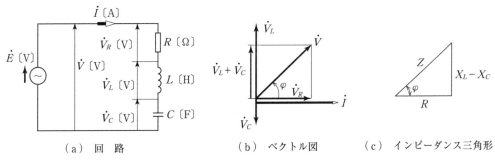

（a） 回　路　　　　　　（b） ベクトル図　　　　（c） インピーダンス三角形

図 5.4

（2） 図5.4（c）は，抵抗，合成リアクタンスとインピーダンスの関係から位相関係を求める図で，（　　　　　　　　　　　　）[①]という。

◆◆◆◆◆ **ステップ 2** ◆◆◆◆◆

□ **❶** $R = 9\,\Omega$, $X_L = 12\,\Omega$ の直列回路に交流電圧 $V = 100\,V$ を加えた。インピーダンス Z, 電流 I, および I と V との位相差 φ〔°〕を求めなさい。

ヒント！
$Z = \sqrt{R^2 + X_L^2}$
$\varphi = \tan^{-1}\dfrac{X_L}{R}$

〔答〕 $Z =$ _____　　$I =$ _____　　$\varphi =$ _____

□ **❷** $R = 20\,\Omega$, $X_C = 16\,\Omega$ の直列回路に交流電圧 $V = 120\,V$ を加えた。インピーダンス Z, 電流 I, および I と V との位相差 φ〔°〕を求めなさい。

ヒント！
$Z = \sqrt{R^2 + X_C^2}$
$\varphi = \tan^{-1}\dfrac{X_C}{R}$

〔答〕 $Z =$ _____　　$I =$ _____　　$\varphi =$ _____

□ **❸** $R = 8\,\Omega$, $X_L = 12\,\Omega$, $X_C = 6\,\Omega$ の直列回路に，交流電圧 $V = 120\,V$ を加えた。つぎの問に答えなさい。

（1） 合成リアクタンス X〔Ω〕はいくらか。

（2） インピーダンス Z〔Ω〕はいくらか。

（3） 電流 I〔A〕はいくらか。

（4） V, I の位相差 φ〔°〕を求めなさい。

ヒント！
$X = X_L - X_C$
$Z =$
$\sqrt{R^2 + (X_L - X_C)^2}$
$\varphi = \tan^{-1}\dfrac{X_L - X_C}{R}$

〔答〕（1） $X =$ _____　　（2） $Z =$ _____

（3） $I =$ _____　　（4） $\varphi =$ _____

◆◆◆◆◆ **ステップ 3** ◆◆◆◆◆

□ **❶** $R = 4\,k\Omega$, $L = 10\,mH$ の直列回路に，$f = 20\,kHz$, $V = 6\,V$ の交流電圧を加えた。つぎの問に答えなさい。

（1） 誘導リアクタンス X_L〔kΩ〕はいくらか。

（2） インピーダンス Z〔kΩ〕はいくらか。

（3） 電流 I〔mA〕はいくらか。

（4） 電流と電圧の位相差 φ〔°〕はいくらか。

ヒント！
$X_L = 2\pi f L$

（5）電流 $\dot{I}$ を基準にして，R の両端の電圧 $\dot{V}_R$, $\dot{X}_L$ の両端の電圧 $\dot{V}_L$, 電圧 $\dot{V}$, φ をベクトル図に描きなさい。

〔答〕（1）$X_L =$ _____　（2）$Z =$ _____

（3）$I =$ _____　　（4）$\varphi =$ _____

（5）ベクトル図

□**2** 図 5.5 において，スイッチが a 側のとき $I_a = 1\,\mathrm{A}$ であった。b 側にしたとき流れる電流 I_b〔A〕を求めなさい。

ヒント！
R_0 を求める。

図 5.5

〔答〕$I_b =$ _____

□**3** 図 5.6 の回路で R, X_L, X_C, V を求めなさい。また，電源の周波数 f が 2.4 kHz であるとき，L と C の値を求めなさい。

図 5.6

〔答〕$R =$ _____　　$X_L =$ _____　　$X_C =$ _____

$V =$ _____　　$L =$ _____　　$C =$ _____

〔3〕 *R*, *L*, *C* 並列回路

トレーニングのポイント

① *R-L* 並列回路

$$I_R = \frac{V}{R} \text{〔A〕}, \quad I_L = \frac{V}{X_L} \text{〔A〕}, \quad I = \sqrt{I_R^2 + I_L^2} \text{〔A〕}$$

$$Z = \frac{RX_L}{\sqrt{R^2 + X_L^2}} \text{〔Ω〕}, \quad \varphi = \tan^{-1}\frac{I_L}{I_R} = \tan^{-1}\frac{R}{X_L}$$

② *R-C* 並列回路

$$I_R = \frac{V}{R} \text{〔A〕}, \quad I_C = \frac{V}{X_C} \text{〔A〕}, \quad I = \sqrt{I_R^2 + I_C^2} \text{〔A〕}$$

$$Z = \frac{RX_C}{\sqrt{R^2 + X_C^2}} \text{〔Ω〕}, \quad \varphi = \tan^{-1}\frac{I_C}{I_R} = \tan^{-1}\frac{R}{X_C}$$

③ *R-L-C* 並列回路 （$X_L < X_C$ のとき）

$$I_R = \frac{V}{R} \text{〔A〕}, \quad I_L = \frac{V}{X_L} \text{〔A〕}, \quad I_C = \frac{V}{X_C} \text{〔A〕}, \quad I = \sqrt{I_R^2 + \left(I_L - I_C\right)^2} \text{〔A〕}$$

$$Z = \frac{V}{I} \text{〔Ω〕}, \quad \varphi = \tan^{-1}\frac{I_L - I_C}{I_R}$$

◇◇◇◇◇ **ステップ 1** ◇◇◇◇◇

□ **1** つぎの文の（　　）に適切な語句や記号，数値を入れなさい。

（1） *R-L* 並列回路において，電圧 $\dot{V}$ を基準にして，*R* を流れる電流 $\dot{I}_R$，*L* を流れる電流 $\dot{I}_L$，電源を流れる電流 $\dot{I}$ の位相関係を考える。$\dot{V}$ に対して $\dot{I}_R$ は（　　　）①で，$\dot{I}_L$ は（　　　）②遅れる。

（2） これより *R-L* 並列回路では $\dot{I}$ は（　　　）①となり，その大きさ I=（　　　）② と表される。

□ **2** 図 **5.7**（a）について，つぎの文の（　　）に適切な語句や記号を入れなさい。

（1） 図（b）から $\dot{I}$ は，$\dot{V}$ より位相が（　　　）①いるので，回路の性質は（　　　）②である。

（2） このことから I_L と I_C の大きさの関係は（　　　＞　　　）①と表すことができる。

（3） （2）から，X_L と X_C の大きさの関係は（　　　＞　　　）①となる。

（4） I と φ は，I_R, I_L, I_C を用いて表すと，I=（　　　　）①，φ=（　　　　）②となる。

（a）　R-L-C 並列回路　　　　　　（b）　ベクトル図

図 5.7

◆◆◆◆◆ **ステップ 2** ◆◆◆◆◆

□ **❶** 　$R-L$ 並列回路において，$R=12\,\Omega$，$X_L=5\,\Omega$ で，電源電圧が $\dot{V}=$ 120 V のとき，R に流れる電流 I_R〔A〕，X_L に流れる電流 I_L〔A〕，電源を流れる電流 I〔A〕およびインピーダンス Z〔Ω〕を求めなさい。また，$\dot{V}$ と $\dot{I}$ の位相差 φ〔°〕を求めなさい。

ヒント !
$$I=\sqrt{I_R^{\,2}+I_L^{\,2}}$$
$$\varphi=\tan^{-1}\frac{I_L}{I_R}$$

答　$I_R=$ _____　　$I_L=$ _____

　　$I=$ _____　　　$Z=$ _____

　　$\varphi=$ _____

□ **❷** 　$R-C$ 並列回路において，$R=12\,\Omega$，$X_C=16\,\Omega$ で，電源電圧が $\dot{V}=$ 120 V のとき，R に流れる電流 I_R〔A〕，X_C に流れる電流 I_C〔A〕，電源に流れる電流 I〔A〕およびインピーダンス Z〔Ω〕を求めなさい。また，$\dot{V}$ と $\dot{I}$ の位相差 φ〔°〕を求めなさい。

ヒント !
$$I=\sqrt{I_R^{\,2}+I_C^{\,2}}$$
$$\varphi=\tan^{-1}\frac{I_C}{I_R}$$

答　$I_R=$ _____　　$I_C=$ _____

　　$I=$ _____　　　$Z=$ _____

　　$\varphi=$ _____

□ **❸** 　$R-L-C$ 並列回路において，$R=15\,\Omega$，$X_L=12\,\Omega$，$X_C=30\,\Omega$ で，電源電圧が $\dot{V}=120$ V のとき，R に流れる電流 I_R〔A〕，X_L に流れる電流 I_L〔A〕，X_C に流れる電流 I_C〔A〕，電源に流れる電流 I〔A〕およびインピーダンス Z〔Ω〕を求めなさい。また，$\dot{V}$ と $\dot{I}$ の位相差 φ〔°〕

を求めなさい。

ヒント！

$$I = \sqrt{I_R{}^2 + \left(I_L - I_C\right)^2}$$

$$\varphi = \tan^{-1}\frac{I_L - I_C}{I_R}$$

答 $I_R =$ _____ $I_L =$ _____

$I_C =$ _____ $I =$ _____

$Z =$ _____ $\varphi =$ _____

◆◆◆◆◆ ステップ 3 ◆◆◆◆◆

□ **1** 図5.8の回路において，つぎの問に答えなさい。

ヒント！

$$X_L = 2\pi f L$$

$$\varphi = \tan^{-1}\frac{I_L}{I_R}$$

図 5.8

（1） スイッチSが開いているとき

（a） コイルLの誘導リアクタンスX_L〔Ω〕を求めなさい。

（b） 回路に流れる電流Iと，$\dot{V}$と$\dot{I}$の位相差φ〔°〕を求めなさい。

（2） スイッチSが閉じているとき

（a） コンデンサCに流れる電流I_C〔A〕を求めなさい。

ヒント！

$$\varphi = \tan^{-1}\frac{I_L - I_C}{I_R}$$

（b） 回路に流れる電流I〔A〕と，$\dot{V}$と$\dot{I}$の位相差φ〔°〕を求めなさい。

答 （1） （a） $X_L =$ _____

（b） $I =$ _____ $\varphi =$ _____

（2） （a） $I_C =$ _____

（b） $I =$ _____ $\varphi =$ _____

〔4〕 共振回路

┌─────────────────────────────────┐
│   **トレーニングのポイント**   │

① **共振条件と共振周波数**

$$\omega L = \frac{1}{\omega C}, \quad f_0 = \frac{1}{2\pi\sqrt{LC}} \text{〔Hz〕}$$

② **直列共振**　$R\text{--}L\text{--}C$ 直列回路で

$$V = \sqrt{V_R^2 + (V_L - V_C)^2}$$

共振時は $X_L = X_C$ であることから

$$V = V_R = RI$$

このときのインピーダンス $Z = R$〔Ω〕

③ **並列共振**　$R\text{--}L\text{--}C$ 並列回路で

$$I = \sqrt{I_R^2 + (I_L - I_C)^2}$$

共振時は $X_L = X_C$ であることから

$$I = I_R = \frac{V}{I}$$

このときのインピーダンス $Z = R$〔Ω〕

└─────────────────────────────────┘

◆◆◆◆◆ ステップ 1 ◆◆◆◆◆

□ **1** つぎの文の（　　）に適切な語句や記号，数値を入れなさい。

（1）　L と C を含んだ回路で周波数 f を可変していくと，$X_L = X_C$ つまり，（　　　）①＝（　　　　　）②になる周波数がある。このことを共振条件といい，そのときの周波数 f_0 を（　　　　　）③という。

（2）　$R\text{--}L\text{--}C$ 直列回路において，共振時に V_L と V_C の位相が（　　　）①〔rad〕ずれていて，大きさが等しく打ち消し合うため，$V =$（　　　）②となる。このことから，インピーダンス $Z =$（　　　）③となる。$R\text{--}L\text{--}C$ 直列回路では，共振時にリアクタンスが 0Ω となるので，インピーダンス Z は（　　　）④となる。

（3）　$R\text{--}L\text{--}C$ 並列回路において，共振時に I_L と I_C の位相が（　　　）①〔rad〕ずれていて，大きさが等しく打ち消し合うため，$I =$（　　　）②となる。このことから，インピーダンス $Z =$（　　　）③となる。$R\text{--}L\text{--}C$ 並列回路では，共振時にリアクタンスに流れる電流が 0A となるので，電流 I は（　　　）④となる。

◆◇◆◇◆ **ステップ 2** ◆◇◆◇◆

|||||||||| **例題** 1 |||||||||||||||||||||||||||||||||||||||||||||||||||||||||||||||||||||||||||||||||||||||||||||

R–L–C 直列回路について，つぎの問に答えなさい。

（1） $L = 1\,\mathrm{mH}$，$C = 2.54\,\mathrm{nF}$ とするとき，共振周波数 f_0〔kHz〕はいくらか。

（2） $C = 12.7\,\mathrm{nF}$ のとき $f_0 = 10\,\mathrm{kHz}$ に共振させるには，L〔mH〕の値はいくらか。

解答

（1） $f_0 = \dfrac{1}{2\pi\sqrt{LC}} = \dfrac{1}{2\pi\sqrt{1 \times 10^{-3} \times 2.54 \times 10^{-9}}} = 9.99 \times 10^4\,\mathrm{Hz} = 99.9\,\mathrm{kHz}$

（2） 共振条件 $2\pi f L = \dfrac{1}{2\pi f C}$ から

$$L = \frac{1}{4\pi^2 f^2 C} = \frac{1}{4\pi^2 \times (10 \times 10^3)^2 \times 12.7 \times 10^{-9}} = 2 \times 10^{-2}\,\mathrm{H} = 20\,\mathrm{mH}$$

□ **1** 電源電圧 $V = 10\,\mathrm{V}$，$R = 10\,\Omega$，$L = 10\,\mathrm{mH}$，$C = 1\,\mathrm{nF}$ が直列に接続 されるとき，共振周波数 f_0〔kHz〕と共振時に流れる電流 I_0〔A〕を求 めなさい。また，このときの各部の電圧 V_R〔V〕，V_L〔kV〕，V_C〔kV〕 を求めなさい。

ヒント！
$V = \dfrac{}{\sqrt{V_R^{\,2} + (V_L - V_C)^2}}$

答 $f_0 =$ ＿＿＿＿＿＿＿ $I_0 =$ ＿＿＿＿＿＿＿

$V_R =$ ＿＿＿＿＿＿＿ $V_L =$ ＿＿＿＿＿＿＿ $V_C =$ ＿＿＿＿＿＿＿

□ **2** 電源電圧 $V = 10\,\mathrm{V}$，$R = 10\,\Omega$，$L = 2\,\mathrm{mH}$，$C = 150\,\mathrm{pF}$ が並列に接続 されるとき，共振周波数 f_0〔kHz〕と共振時に回路を流れる電流 I_0〔A〕 および各部を流れる電流 I_R〔A〕，I_L〔mA〕，I_C〔mA〕を求めなさい。

ヒント！
$I_0 = \dfrac{}{\sqrt{I_R^{\,2} + (I_L - I_C)^2}}$

答 $f_0 =$ ＿＿＿＿＿＿＿ $I_R =$ ＿＿＿＿＿＿＿

$I_L =$ ＿＿＿＿＿＿＿ $I_C =$ ＿＿＿＿＿＿＿ $I_0 =$ ＿＿＿＿＿＿＿

◈◈◈◈◈ ステップ 3 ◈◈◈◈◈

□ **❶** 図 5.9 において可変コンデンサを調整して共振させたい。C の静電容量 C〔pF〕を求めなさい。また，共振時の I_R〔A〕，I_L〔mA〕，I_C〔mA〕，I_0〔A〕を求めなさい。

ヒント !
共振条件
$\omega L = \dfrac{1}{\omega C}$ から $C=$ の形に式を変形。

$\dot{I_0}$〔A〕

$\dot{V}=10\,\mathrm{V}$

$f=1\,\mathrm{MHz}$

$R=5\,\Omega$

$L=1\,\mathrm{mH}$

C

図 5.9

〔答〕　$C=$ _____　$I_R=$ _____

　　　$I_L=$ _____　$I_C=$ _____　$I_0=$ _____

5.4 交 流 電 力

トレーニングのポイント

① **抵抗 R だけの回路の電力**

$$P = VI = RI^2 = \frac{V^2}{R} \ \text{〔W〕}$$

② **インダクタンス L だけ，または静電容量 C だけの回路の電力**

$$P = (VI \sin 2\omega t) \text{の平均} = 0$$

③ **インピーダンス Z の回路の電力**

$$P = V_R I = VI \cos \varphi \ \ \text{〔W〕}$$

④ **いろいろな電力と力率**

皮相電力　　　　$P_s = VI$ 〔V・A〕

有効電力（電力）　$P = VI \cos \varphi$ 〔W〕

無効電力　　　　$P_q = VI \sin \varphi$ 〔var〕

力　率　　　　　$\cos \varphi = \dfrac{P}{P_s} = \dfrac{VI \cos \varphi}{VI}$ 　　（百分率で表すことも多い）

無効率　　　　　$\sin \varphi = \dfrac{P_q}{P_s} = \dfrac{VI \sin \varphi}{VI}$

皮相電力，有効電力，無効電力の関係　　$P = \sqrt{P_s^2 - P_q^2}$

◆◆◆◆◆ **ステップ 1** ◆◆◆◆◆

□ **❶** つぎの文の（　　）に適切な語句や記号を入れなさい。

（1）　電力について，抵抗だけの回路では，直流のように，$P = ($ 　　$)^①= ($ 　　$)^② =$
（　　　）③で求めることができる。

（2）　インダクタンスや静電容量だけの回路では，瞬時電力 $p = VI \sin 2\omega t$ の平均をとると，
（　　　）①となり，ここでは消費しないことがわかる。

（3）　インピーダンス Z の回路では，電圧と電流の同相な成分で消費し，位相が $\dfrac{\pi}{2}$〔rad〕
ずれた部分では消費しない。ことから，$P = ($ 　　　$)^①$で求めることができる。

（4）　交流回路では電力を表すのに，有効電力（電力）P のほか，（　　　）①，（　　　）②の
3通りがある。

（5）　**図 5.10**（a）のようなインピーダンス Z が R と L の直列回路を考える。電圧に対して

電流は φ だけ（　　　　　）①。電流を電圧と同相な成分（有効分）と $\dfrac{\pi}{2}$〔rad〕ずれた成分（無効分）に分けて考える。I と φ を用いて有効分，無効分を表すと，それぞれ（　　　　　）②，（　　　　　）③となる。

（6）　電圧と電流の有効分との積を有効電力といい，$P=$（　　　　　）①と表し，単位に（　　　）②，単位記号に（　　　）③を用いる。一方，電圧と電流の無効分との積を無効電力といい，$P_q=$（　　　　　）④で表し，単位に（　　　）⑤，単位記号に（　　　）⑥を用いる。

（7）　電圧と電流の絶対値の積を皮相電力といい，$P_s=VI$ と表し，単位に（　　　　　）①，単位記号に（　　　）②を用いる。

（8）　図 5.10（c）は電力三角形と三つの電力の関係を表している。P を P_s と P_q を用いて表すと，（　　　　　　　）①となり，φ を P_s と P を用いて表すと（　　　　　　　）②となる。

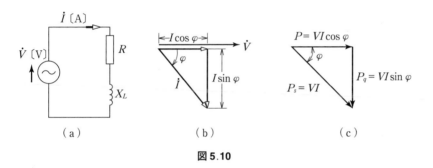

図 5.10

◆◆◆◆◆ **ステップ 2** ◆◆◆◆◆

□ **❶** $R=15\,\Omega$，$X_L=12\,\Omega$ の直列回路に，交流電圧 $V=100\,\text{V}$ を加えた。回路の力率 $\cos\varphi$，皮相電力 P_s〔V·A〕，消費電力 P〔W〕，無効電力 P_q〔var〕を求めなさい。

ヒント！

$\cos\varphi=\dfrac{R}{Z}$

$\sin\varphi=\dfrac{X_L}{Z}$

$P_s=VI$〔V·A〕
$P=VI\cos\varphi$〔W〕
$P_q=VI\sin\varphi$〔var〕

〔答〕　$\cos\varphi=$＿＿＿＿＿　$P_s=$＿＿＿＿＿

　　　　$P=$＿＿＿＿＿　$P_q=$＿＿＿＿＿

□ **❷** $R=9\,\Omega$，$X_L=6\,\Omega$ の直列回路に，交流電圧 V を加えたら，電流 $I=8\,\text{A}$ が流れた。回路の電圧 V〔V〕，力率 $\cos\varphi$，有効電力 P〔W〕を求めなさい。

〔答〕　$V=$＿＿＿＿＿　$\cos\varphi=$＿＿＿＿＿

　　　　$P=$＿＿＿＿＿

□ **3** R–L 並列回路の電源電圧 $V=120\,\text{V}$，$R=30\,\Omega$，$X_L=40\,\Omega$ のとき，電源を流れる電流 I〔A〕と力率 $\cos\varphi$，有効電力 P〔W〕を求めなさい。

I_R，I_L を求める。
電源との位相差 φ は

$$\varphi=\tan^{-1}\frac{I_L}{I_R}$$

から，$\cos\varphi$，P を求める。

〔答〕 $I=$ _____ $\cos\varphi=$ _____

$P=$ _____

◆◆◆◆◆◆ **ステップ 3** ◆◆◆◆◆◆

□ **1** 図 **5.11** の回路に $V=100\,\text{V}$ の電圧を加えたとき，力率 $\cos\varphi$，皮相電力 P_s〔kV·A〕，消費電力 P〔W〕，無効電力 P_q〔var〕を求めなさい。

図 5.11

ヒント !

$X=X_C-X_L$
$Z=\sqrt{R^2+X^2}$
$\cos\varphi=\dfrac{R}{Z}$
$\sin\varphi=\dfrac{X}{Z}$

としてそれぞれ求める。

〔答〕 $\cos\varphi=$ _____ $P_s=$ _____

$P=$ _____ $P_q=$ _____

□ **2** あるコイルに直流電圧 $V_d=100\,\text{V}$ を加えると，$P_d=1\,250\,\text{W}$ を消費し，交流 $V_a=100\,\text{V}$ を加えたら $P_a=800\,\text{W}$ を消費するという。コイルの抵抗 R〔Ω〕と誘導リアクタンス X_L〔Ω〕を求めなさい。

ヒント !

直流電圧から I_d は

$$I_d=\frac{P_d}{V_d}$$

$$R=\frac{V_d}{I_d}$$

交流電圧から有効電力は抵抗でしか消費しないので，$P_a=RI_a^2$ から I_a を求める。

$$Z=\frac{V_a}{I_a}$$

$$X_L=\sqrt{Z^2-R^2}$$

として求める。

〔答〕 $R=$ _____ $X_L=$ _____

ステップの解答

1. 電気回路の要素

1.1 電流と電圧

ステップ　1

1 （1）① 電源　② 負荷

（2）① 電荷　② 正　③ 負　④ 反発
　　　⑤ 吸引

（3）① 原子核　② 電子　③ 正　④ 負
　　　⑤ 中性

（4）① 高　② 低　③ 電位差　④ 電圧

（5）① にくさ　② 抵抗

（6）① 比例　② 反比例　③ オーム

　　　④ $\dfrac{V}{R}$　⑤ RI　⑥ $\dfrac{V}{I}$

2 ① Q　② C　③ クーロン　④ V　⑤ V
⑥ ボルト　⑦ I　⑧ A　⑨ アンペア
⑩ E　⑪ V　⑫ ボルト　⑬ R　⑭ Ω
⑮ オーム

3 （1）0.03　（2）1.3　（3）−4　（4）30
（5）30　（6）5　（7）4　（8）320
（9）6　（10）−1

ステップ　2

1 $I = 3\,\text{A}$　**2** $t = 40\,\text{s}$

3 $Q = 20\,\text{C}$,　$n = 1.25 \times 10^{20}$ 個

4 （1）$V_1 = 4.5\,\text{V}$,　$V_2 = 3\,\text{V}$,　$V_3 = 0\,\text{V}$,
　　　$V_4 = -1.5\,\text{V}$

（2）$V_{13} = 4.5\,\text{V}$,　$V_{14} = 6\,\text{V}$,　$V_{24} = 4.5\,\text{V}$

5 （1）$I_1 = 0.1\,\text{A}$　（2）$I_2 = 0.02\,\text{A}$
（3）$I_3 = 2\,\text{A}$　（4）$I_4 = 40\,\text{A}$

6 （1）$R_1 = 200\,\text{k}\Omega$　（2）$R_2 = 500\,\Omega$
（3）$R_3 = 2\,\Omega$　（4）$R_4 = 0.25\,\Omega$

7 （1）$V_1 = 0.01\,\text{V}$　（2）$V_2 = 6.25\,\text{V}$
（3）$V_3 = 150\,\text{V}$　（4）$V_4 = 2.5\,\text{kV}$

ステップ　3

1 （1）$V_1 = 10\,\text{V}$　（2）$V_2 = 15\,\text{V}$
（3）$V_3 = 5\,\text{V}$

1.2 電気抵抗

ステップ　1

1 （1）① 比例　② 反比例　③ 抵抗率
　　　④ オームメートル　⑤ Ω·m

（2）① 導電率

2 有効数字
① 0　② 1　③ 2　④ 3　⑤ 4　⑥ 5　⑦ 6
⑧ 7　⑨ 8　⑩ 9

10 のべき乗
① 10^{-2}　② 10^{-1}　③ 10^0　④ 10^1　⑤ 10^2
⑥ 10^3　⑦ 10^4　⑧ 10^5　⑨ 10^6　⑩ 10^7
⑪ 10^8　⑫ 10^9

ステップ　2

1 $R = 0.07\,\Omega$

2 （1）$\rho = 5.89 \times 10^{-8}\,\Omega\text{·m}$　（2）$l = 26.7\,\text{m}$

3 （1）17.6 %　（2）60.8 %
（3）95.6 %　（4）98.3 %

4 $R_{60} = 11.56\,\Omega$

ステップ　3

1 （1）$\dfrac{1}{4}$ 倍　（2）8 倍

2 （1）$\alpha_{20} = 0.004\,\text{℃}^{-1}$　（2）$R_{50} = 5\,880\,\Omega$

1.3 静電容量

ステップ　1

1 （1）① 電圧　② 静電容量　③ C
　　　④ ファラド　⑤ F

（2）① 電極面積　② 絶縁物の誘電率
　　　③ 電極間の距離

2 （1）0.01 μF　（2）0.22 μF　（3）1 μF

3 （1）705 μC　（2）1.5 mC

ステップ　2

1 （1）$Q = 90\,\mu\text{C}$　（2）$V = 8\,\text{V}$
（3）$C = 2\,\mu\text{F}$

1.4　インダクタンス

ステップ　1

1（1）① 妨げる　② 自己誘導

③ 自己誘導起電力　④ 比例

⑤ 自己インダクタンス　⑥ H

（2）① ϕ　② t　③ 巻数

ステップ　2

1 $L = 10\ \mathrm{mH}$

2.　直　流　回　路

2.1　抵抗の接続

ステップ　1

1（1）① 和　② 各抵抗

（2）① 逆数　② 逆数　③ 各抵抗の逆数

（3）① 逆数　② G　③ ジーメンス　④ S

ステップ　2

1 $R_0 = 60\ \Omega$　**2** $R_0 = 4.8\ \mathrm{k\Omega}$

3 $I_0 = 2\ \mathrm{A}$, $V_1 = 6\ \mathrm{V}$, $V_2 = 30\ \mathrm{V}$

4 $R_0 = 12\ \Omega$

5（1）$R_0 = 2.4\ \Omega$

（2）$I_1 = 4\ \mathrm{A}$, $I_2 = 6\ \mathrm{A}$, $I_0 = 10\ \mathrm{A}$

ステップ　3

1（a）$R_0 = 10\ \Omega$　（b）$R_0 = 5\ \Omega$

（c）$R_0 = 5\ \Omega$　（d）$R_0 = 7\ \Omega$

2 $R_{01} = 2.7\ \mathrm{k\Omega}$, $R_{02} = 12\ \Omega$

3（1）$V_1 = 60\ \mathrm{V}$　（2）$I_0 = 3\ \mathrm{A}$

（3）$R_2 = 25\ \Omega$, $R_0 = 45\ \Omega$

4（1）$R_2 = 400\ \Omega$

（2）$I_1 = 1\ \mathrm{A}$, $I_2 = 0.25\ \mathrm{A}$, $I_0 = 1.25\ \mathrm{A}$

5（1）$R_0 = 40\ \Omega$　（2）$V_{12} = 12\ \mathrm{V}$

6（1）$I_3 = 0.5\ \mathrm{A}$　（2）$V_2 = 30\ \mathrm{V}$

（3）$I_2 = 0.75\ \mathrm{A}$, $I_0 = 1.25\ \mathrm{A}$

（4）$V_0 = 80\ \mathrm{V}$

2.2　直流回路の計算

ステップ　1

1（1）① V　② V_v　③ $m-1$

④ 直列抵抗　⑤ 直列

（2）① I　② I_a　③ $\dfrac{1}{m-1}$　④ 分流

⑤ 並列

（3）① 零　② 平衡　③ R_1　④ R_3　⑤ R_2

⑥ R_4　⑦ R_1　⑧ R_2　⑨ R_3　⑩ R_4

⑪ R_1　⑫ R_2　⑬ R_3　⑭ R_4

（4）① 第1　② I_1　③ I_2　④ 第2　⑤ R_1

⑥ $-R_2$　⑦ $-$　⑧ R_2　⑨ R_3　⑩ E_2

2 $I_1 = 3\ \mathrm{A}$, $I_2 = 7.7\ \mathrm{A}$, $I_3 = 3\ \mathrm{A}$

ステップ　2

1（1）$m = 5$, $R_m = 400\ \mathrm{k\Omega}$　（2）$V_v = 50\ \mathrm{V}$

2 $m = 4$, $R_s = 3\ \Omega$　**3** $R_4 = 240\ \Omega$

4 $I_1 = 0.45\ \mathrm{A}$, $I_2 = 0.6\ \mathrm{A}$, $I_5 = 0\ \mathrm{A}$,

$I_0 = 1.05\ \mathrm{A}$, $R_0 = 51.4\ \Omega$

5（1）$I_1 + I_2 = I_3$

（2）$E_1 - E_2 = R_1 I_1 - R_2 I_2$

（3）$E_2 = R_2 I_2 + R_3 I_3$

（4）$I_1 = 1.25\ \mathrm{A}$, $I_2 = 6.25\ \mathrm{A}$, $I_3 = 7.5\ \mathrm{A}$

ステップ　3

1 $I_1 = 1\ \mathrm{A}$, $I_2 = -2.5\ \mathrm{A}$, $I_3 = 1.5\ \mathrm{A}$

2 $I_1 = 1\ \mathrm{A}$, $I_2 = 1\ \mathrm{A}$, $I_3 = 2\ \mathrm{A}$

2.3　電流の作用

ステップ　1

1（1）① 電力　② VI

（2）① 電力量　② VIt

（3）① 電流　② 抵抗　③ 時間

④ ジュール　⑤ ジュール熱

（4）① W·s　② W·h　（①と②は順不同）

③ 3.6×10^3　④ 3.6

ステップ　2

1 $W = 1.2\ \mathrm{kW \cdot h}$, $H = 4.32\ \mathrm{MJ}$

2（1）$P = 500\ \mathrm{W}$　（2）$H = 9\ \mathrm{MJ}$

3 $W = 5.92\ \mathrm{g}$

ステップ　3

1 $t = 17\ 分\ 30\ 秒$　**2** $t = 16\ 分\ 5\ 秒$

2.4　電　　　　池

ステップ　1

1（1）① 電気　② 放電　③ 充電

（2）① 一次電池　② 二次電池

③ 燃料電池　④ 太陽電池

（3）① 熱電対　② 起電力　③ 熱電効果

④ ゼーベック効果

（4）① 発熱　② 熱の吸収

③ ペルチエ効果

2 ① 一次　② 一次　③ 一次　④ 一次
　⑤ 二次　⑥ 二次　⑦ 二次　⑧ 一次
　⑨ 二次　⑩ 二次

ステップ 2

1（1）$R=1.9\,\Omega$　（2）$I=2\,\mathrm{A}$, $V=2\,\mathrm{V}$

3. 静　電　気

3.1 静　電　力
ステップ 1

1（1）① 正　② 負　③ 静電誘導
　（2）① クーロン　② $4\,\pi\varepsilon$　③ r^2　④ Q_1
　　　⑤ Q_2

ステップ 2

1 $F=3.6\,\mathrm{N}$, 吸引力　**2** 解図 3.1

導体 A　　　　　　　　導体 A

絶縁台　　　帯電体 B　　　　　　　帯電体 B

（a）　　　　　　　　（b）

解図 3.1

3 $r=0.15\,\mathrm{m}$

ステップ 3

1 $F_1=27\,\mathrm{N}$, 右向き　$F_2=297\,\mathrm{N}$, 左向き
　$F_3=270\,\mathrm{N}$, 右向き

3.2 電　　界
ステップ 1

1（1）① 電界　② $+1$　③ 静電力
　（2）① 電気力線　② 正　③ 負　④ $\dfrac{Q}{\varepsilon}$
　　　⑤ 電界の大きさ
　（3）① 電束　② Q　③ 電束密度
　（4）① $+1$　② エネルギー
　（5）① $V=El$

ステップ 2

1（1）$E=558\,\mathrm{kV/m}$, 電界の向きは右向き
　（2）$F=1.67\,\mathrm{N}$, 静電力の向きは右向き
2 $D=53.1\,\mathrm{nC/m^2}$　**3** $E=18\,\mathrm{kV/m}$
4 $V=20\,\mathrm{V}$

5 $V_a=40\,\mathrm{V}$, $V_b=30\,\mathrm{V}$, $V_{ab}=10\,\mathrm{V}$

ステップ 3

1 $r=2.32\,\mathrm{m}$
2（1）$E=5.4\,\mathrm{kV/m}$, 反発力
　（2）電気力線数 169 本, $\Psi=1.5\,\mathrm{nC}$
　（3）$E=5\,400\,\mathrm{本/m^2}$, $D=47.8\,\mathrm{nC/m^2}$
　（4）$V=270\,\mathrm{V}$

3.3 静電容量と静電エネルギー
ステップ 1

1（1）① 比誘電率　② ε_r
　（2）① 5　② 1.2

ステップ 2

1（1）$C_1=0.354\,\mathrm{pF}$　（2）$C_2=35.4\,\mathrm{pF}$
　（3）$C_3=0.708\,\mathrm{pF}$　（4）$C_4=0.177\,\mathrm{pF}$
2（1）$C=11\,\mu\mathrm{F}$　（2）$C=2.73\,\mu\mathrm{F}$
　（3）$C=1\,\mu\mathrm{F}$
3（1）$Q=600\,\mu\mathrm{C}$　（2）$W=60\,\mathrm{mJ}$
4 $C=8.85\,\mathrm{pF}$
5（1）$C_{ab}=60\,\mu\mathrm{F}$　（2）$C_{ac}=30\,\mu\mathrm{F}$
　（3）$Q=1\,800\,\mu\mathrm{C}$　（4）$V_{bc}=30\,\mathrm{V}$
　（5）$V_{ab}=30\,\mathrm{V}$　（6）$Q=900\,\mu\mathrm{C}$

ステップ 3

1（1）$C=0.8\,\mu\mathrm{F}$　（2）$W=3.2\,\mathrm{mJ}$
2 $C=2.95\,\mathrm{pF}$

4. 電流と磁気

4.1 磁　　界
ステップ 1

1（1）① S 極　② $\dfrac{m}{\mu}$　③ 反発　④ 向き
　　　⑤ 大きさ
　（2）① 積に比例　② 2 乗に反比例
　　　③ クーロンの法則　④ m
　　　⑤ ウェーバ　⑥ Wb
　（3）① 磁束　② 磁束密度　③ B
　　　④ テスラ　⑤ T

ステップ 2

1 $F=0.169\,\mathrm{N}$
2 $H=1.58\,\mathrm{A/m}$, 磁界の向きは左向き
3 $F=2\times10^{-5}\,\mathrm{N}$　**4** $H=5\,\mathrm{A/m}$

5 $r = 23.7$ cm

6 $H = 0.35$ A/m, $B = 4.4 \times 10^{-7}$ T

4.2 電流による磁界

ステップ 1

1 (1) ① 円形　② 右ねじ

　　　③ アンペアの右ねじ

(2) ① 右　② 磁界　③ 電流

(3) ① 電磁石　② N　③ S

2 解図 **4.1**

解図 **4.1**

ステップ 2

1 $H = 9$ A/m　**2** $H = 20$ A/m

3 $H = 796$ A/m　**4** $N = 4$ 回

ステップ 3

1 $N = 5$ 回　**2** $I = 28.3$ A

3 (1) $H = 8.75$ kA/m　(2) $B = 11$ T

(3) $\Phi = 88 \times 10^{-3}$ Wb　(88 mWb)

4.3 電 磁 力

ステップ 1

1 (1) ① 電磁力

(2) ① 電流　② 磁束　③ 電磁力

④ フレミングの左手

2 (1) (2) 解図 **4.2**

解図 **4.2**

ステップ 2

1 $F = 1.2$ N　**2** $f = 0.01$ N/m

電磁力の向きは**解図 4.3**

解図 **4.3**

ステップ 3

1 $F = 2.81$ N, $T = 0.098 = 9.8 \times 10^{-2}$ N·m

電磁力 F の働く向き, トルク T の向きは**解図 4.4**

解図 **4.4**

2 (1) $I = 6.96$ A

(2) 電流の向きは**解図 4.5**

解図 **4.5**

3 $F = 3.12$ N

4.4　磁気回路と磁性体

ステップ　1

1（1）① 磁化　② 磁性体　③ 透磁率 μ
　　　④ 比透磁率

（2）① 強磁性体　② 常磁性体
　　　③ 反磁性体

（3）① 磁化　② 保磁力　③ 残留磁気

（4）① 起磁力　② 磁気回路

ステップ　2

1 $F_m = 1.5$ kA,　$R_m = 5.68 \times 10^5$ H^{-1}

2 $F_m = 600$ A,　$R_m = 2.4 \times 10^4$ H^{-1}

ステップ　3

1（1）$R_m = 3.98 \times 10^5$ H^{-1}

（2）$F_m = 450$ A,　$\Phi = 1.13 \times 10^{-3}$ Wb

2 $F_m = 3$ kA,　$N = 375$

4.5　電 磁 誘 導

ステップ　1

1（1）① 電磁誘導　② 誘導起電力
　　　③ 誘導電流　④ 時間　⑤ 比例
　　　⑥ ファラデー

（2）① 妨げる　② レンツ

2 解図 4.6

コイル
磁石
S　N　N　S

コイルを動かす
N　S　S　N
磁石

（a）　　　　　　（b）

解図 4.6

ステップ　2

1 $e = 13.5$ V

ステップ　3

1 $N = 375$

2 $e_{30} = 2.4$ V,　$e_{60} = 4.16$ V,　$e_{90} = 4.8$ V

3 $e = 10$ V

4（1）$e = 27$ V

（2）c → b の向きに流れる，$I = 0.9$ A

（3）$F = 0.81$ N

4.6　自己誘導と相互誘導

ステップ　1

1① 誘導起電力　② 相互誘導　③ 比例
　　④ 相互インダクタンス　⑤ H

ステップ　2

1 $e = 35$ V

2 $M = 225$ mH　　**3** $W = 21.6$ J

ステップ　3

1 $L = 224$ mH

2 $L_1 = 80$ mH,　$L_2 = 2$ H,　$M = 0.4$ H

3 $k = 0.878$　　**4** $M = 10$ mH,　和動接続

5 $N_2 = 75$

5.　交 流 回 路

5.1　正弦波交流

〔1〕　正弦波交流の基礎

ステップ　1

1（1）① 極性　② 周期的　（2）① 瞬時式
（3）① 周期　② 周波数

ステップ　2

1（1）8.66 V　（2）10 V　（3）−8.66 V
（4）−10 V

2（1）20 ms　（2）10 ms　（3）250 μs
（4）66.7 ns

3（1）4 Hz　（2）250 Hz　（3）12.5 kHz
（4）50 MHz

ステップ　3

1（1）$v = 50 \sin \theta$〔V〕
（2）

θ〔°〕	0	30	60	90	120	150	180
v〔V〕	**0**	**25**	**43.3**	50	**43.3**	**25**	0

θ〔°〕	210	240	270	300	330	360
v〔V〕	**−25**	**−43.3**	−50	**−43.3**	**−25**	**0**

〔2〕　正弦波交流の取り扱い（1）

ステップ　1

1（1）① 最大値　② I_m　（2）① 電力量

（3）① 半周期　（4）① $\dfrac{E_m}{\sqrt{2}}$　② $\dfrac{2}{\pi} E_m$

ステップ 2

1 （1）141.4 V （2）7.07 A

（3）254.5 mV （4）28.28 μA

2 （1）3.82 mA （2）11.46 mV

（3）0.95 A （4）63.7 V

3 最大値 141.4 V，実効値 100 V，平均値 90 V

ステップ 3

1 （1）120 V （2）84.85 V （3）76.39 V

（4）240 V （5）$e = 120 \sin \theta$ 〔V〕

〔3〕 正弦波交流の取り扱い（2）

ステップ 1

1 （1）① 弧度 ② 360° ③ 57.32°

（2）① 角周波数 ② rad/s

（3）① $\dfrac{\pi}{3}$ ② 遅れる ③ $-\dfrac{\pi}{3}$

ステップ 2

1

〔°〕	0	**30**	**60**	90	120	**150**	**180**	210	240	**270**	360
〔rad〕	0	$\dfrac{\pi}{6}$	$\dfrac{\pi}{3}$	$\dfrac{\pi}{2}$	$\dfrac{2}{3}\pi$	$\dfrac{5}{6}\pi$	π	$\dfrac{7}{6}\pi$	$\dfrac{4}{3}\pi$	$\dfrac{3}{2}\pi$	2π

2 （1）9 V （2）1 000 π 〔rad/s〕

（3）500 Hz （4）2 ms

ステップ 3

1 $v = 141.4 \sin\left(100\,\pi t + \dfrac{\pi}{4}\right)$ 〔V〕

2 （1）$\omega = 120\,\pi$ 〔rad/s〕 （2）$f = 60$ Hz

（3）$I_1 = 5$ mA （4）$I_{av2} = 7.2$ mA

（5）$\dfrac{7}{12}\pi$ 〔rad〕

5.2 正弦波交流とベクトル

〔1〕 ベクトルとベクトル図

ステップ 1

1 （1）① スカラ ② 力 ③ 磁界 ④ 向き

⑤ ベクトル

（2）① 大きさ ② ・

（3）① 実効 ② φ

ステップ 2

1 解図 5.1 **2** 解図 5.2

解図 5.1   解図 5.2

ステップ 3

1 ベクトル図は解図 5.3

$v = 12 \sin\left(\omega t - \dfrac{\pi}{4}\right)$ 〔V〕

解図 5.3

〔2〕 ベクトルの表示方法

ステップ 1

1 （1）① $E \angle \varphi$ ② $E \cos \varphi$ ③ $E \sin \varphi$

④ $E \cos \varphi,\ E \sin \varphi$

ステップ 2

1 （1）$\dot{V}_1 = (173.2,\ 100)$ 〔V〕

（2）$\dot{I}_1 = (6,\ -10.39)$ 〔A〕

（3）$\dot{V}_2 = (70.71,\ 70.71)$ 〔V〕

（4）$\dot{I}_2 = (-8,\ 13.86)$ 〔A〕

2 （1）$\dot{V}_1 = 282.8 \angle \dfrac{\pi}{4}$ 〔V〕

（2）$\dot{I}_1 = 20 \angle -0.927$ rad

$(20 \angle -53.13°)$ 〔A〕

（3）$\dot{V}_2 = 200 \angle \dfrac{2}{3}\pi$ 〔V〕

（4）$\dot{I}_2 = 10 \angle -\dfrac{5}{6}\pi$ 〔A〕

ステップ 3

1 （1）$\dot{V}_1 = 45 \angle 0$ 〔V〕

（2）$\dot{V}_2 = 12.73 \angle -\dfrac{\pi}{6}$ 〔V〕

（3）$\dot{I}_1 = 17 \angle -\dfrac{\pi}{4}$ 〔A〕

（4）$\dot{I}_2 = 3.54 \angle \dfrac{\pi}{3}$ 〔A〕

ベクトル図は解図 5.4

（1）　　　　　　（2）

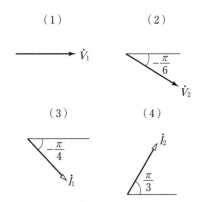

（3）　　　　　　（4）

解図 5.4

2　（1）　$\dot{V}_1 = (5,\ 0)$〔V〕
　　（2）　$\dot{V}_2 = (-50,\ -86.6)$〔V〕
　　（3）　$\dot{I}_1 = (0,\ -17.68)$〔A〕
　　（4）　$\dot{I}_2 = (2.12,\ 2.12)$〔A〕
　　ベクトル図は**解図 5.5**

（1）　　　　　　（2）

（3）　　　　　　（4）

解図 5.5

3　〔電圧基準〕

$$\dot{E} = 100\angle 0° \quad \rightarrow \quad \dot{I} = 4\angle -\frac{\pi}{6}$$

ベクトル図は**解図 5.6**（1）

（1）　　　　　　（2）

解図 5.6

〔電流基準〕

$$\dot{I} = 4\angle 0° \quad \rightarrow \quad \dot{E} = 100\angle \frac{\pi}{6}$$

ベクトル図は**解図 5.6**（2）

5.3　交流回路の計算

〔1〕　R, L, C だけの基本回路

ステップ　1

1　（1）　① 同相　② $\dfrac{V}{R}$

　　（2）　① $\dfrac{\pi}{2}$　② 遅れる

　　（3）　① $\dfrac{\pi}{2}$　② 進む

ステップ　2

1　$I = 4$ A　ベクトル図は**解図 5.7**

解図 5.7　　　**解図 5.8**　　　**解図 5.9**

2　$X_L = 12.56\ \Omega$, $I = 7.96$ A
　　ベクトル図は**解図 5.8**

3　$X_C = 26.54\ \Omega$
　　$I = 3.77$ A　ベクトル図は**解図 5.9**

ステップ　3

1　（1）　$f = 50$ Hz　（2）　$X_C = 3.18$ kΩ
　　（3）　$I = 31.45$ mA
　　（4）　$i = 44.5\sin\left(100\pi t + \dfrac{\pi}{2}\right)$〔mA〕
　　（5）　ベクトル図は**解図 5.10**

解図 5.10

2　$X_L = 1.2$ kΩ
　　$f = 382.17$ Hz

3　$X_C = 2.5\ \Omega$
　　$C = 63.7\ \mu$F

〔2〕　R, L, C 直列回路

ステップ　1

1　（1）　① 誘導　② 電圧　③ 遅れ
　　　　④ $\sqrt{R^2 + X_L^2}$
　　（2）　① 容量　② 電圧　③ 進み
　　　　④ $\sqrt{R^2 + X_C^2}$

（3）① $\tan^{-1}\dfrac{X_L}{R}$　② $\tan^{-1}\dfrac{X_C}{R}$

2（1）① 遅れる　② 誘導　③ $X_L - X_C$

　　　④ $\sqrt{R^2 + (X_L - X_C)^2}$

（2）① インピーダンス三角形

ステップ　2

1 $Z = 15\,\Omega$, $I = 6.67\,\mathrm{A}$, $\varphi = 53.1°$

2 $Z = 25.6\,\Omega$, $I = 4.69\,\mathrm{A}$, $\varphi = 38.7°$

3（1）$X = 6\,\Omega$　（2）$Z = 10\,\Omega$

（3）$I = 12\,\mathrm{A}$　（4）$\varphi = 36.9°$

ステップ　3

1（1）$X_L = 1.26\,\mathrm{k\Omega}$

（2）$Z = 4.19\,\mathrm{k\Omega}$

（3）$I = 1.43\,\mathrm{mA}$

（4）$\varphi = 17.48°$

（5）ベクトル図は**解図 5.11**

解図 5.11

2 $I_b = 1\,\mathrm{A}$

3 $R = 500\,\Omega$, $X_L = 1\,\mathrm{k\Omega}$, $X_C = 500\,\Omega$,

$V = 70.7\,\mathrm{V}$, $L = 66.3\,\mathrm{mH}$, $C = 0.133\,\mathrm{\mu F}$

〔3〕 R，L，C 並列回路

ステップ　1

1（1）① 同相　② $\dfrac{\pi}{2}$〔rad〕

（2）① 遅れ位相　② $\sqrt{I_R^2 + I_L^2}$

2（1）① 進んで　② 容量性

（2）① $I_C > I_L$　（3）① $X_L > X_C$

（4）① $\sqrt{I_R^2 + (I_C - I_L)^2}$　② $\tan^{-1}\dfrac{I_C - I_L}{I_R}$

ステップ　2

1 $I_R = 10\,\mathrm{A}$, $I_L = 24\,\mathrm{A}$, $I = 26\,\mathrm{A}$, $Z = 4.62\,\Omega$,

$\varphi = 67.4°$

2 $I_R = 10\,\mathrm{A}$, $I_C = 7.5\,\mathrm{A}$, $I = 12.5\,\mathrm{A}$,

$Z = 9.6\,\Omega$, $\varphi = 36.9°$

3 $I_R = 8\,\mathrm{A}$, $I_L = 10\,\mathrm{A}$, $I_C = 4\,\mathrm{A}$, $I = 10\,\mathrm{A}$,

$Z = 12\,\Omega$, $\varphi = 36.9°$

ステップ　3

1（1）（a）$X_L = 37.7\,\Omega$

　　　（b）$I = 2.92\,\mathrm{A}$, $\varphi = 46.7°$

（2）（a）$I_C = 4\,\mathrm{A}$

　　　（b）$I = 2.74\,\mathrm{A}$, $\varphi = 43.2°$

〔4〕 共振回路

ステップ　1

1（1）① $2\pi fL$　② $\dfrac{1}{2\pi fC}$　③ 共振周波数

（2）① π　② V_R　③ R　④ 最小

（3）① π　② I_R　③ R　④ 最小

ステップ　2

1 $f_0 = 50.3\,\mathrm{kHz}$, $I_0 = 1\,\mathrm{A}$, $V_R = 10\,\mathrm{V}$,

$V_L = 3.16\,\mathrm{kV}$, $V_C = 3.16\,\mathrm{kV}$

2 $f_0 = 290.7\,\mathrm{kHz}$, $I_R = 1\,\mathrm{A}$, $I_L = I_C = 2.74\,\mathrm{mA}$,

$I_0 = 1\,\mathrm{A}$

ステップ　3

1 $C = 25.4\,\mathrm{pF}$, $I_R = 2\,\mathrm{A}$, $I_L = I_C = 1.59\,\mathrm{mA}$,

$I_0 = 2\,\mathrm{A}$

5.4 交流電力

ステップ　1

1（1）① VI　② RI^2　③ $\dfrac{V^2}{R}$

（2）① 0　（3）① $VI\cos\varphi$

（4）① 皮相電力 P_s　② 無効電力 P_q

（5）① 遅れる　② $I\cos\varphi$　③ $I\sin\varphi$

（6）① $VI\cos\varphi$　② ワット　③ W

　　　④ $VI\sin\varphi$　⑤ バール　⑥ var

（7）① ボルトアンペア　② V·A

（8）① $P = \sqrt{P_s^2 - P_q^2}$　② $\varphi = \tan^{-1}\dfrac{P}{P_s}$

ステップ　2

1 $\cos\varphi = 0.78$, $P_s = 520\,\mathrm{V\cdot A}$, $P = 405.6\,\mathrm{W}$,

$P_q = 325.4\,\mathrm{var}$

2 $V = 86.6\,\mathrm{V}$, $\cos\varphi = 0.832$, $P = 576\,\mathrm{W}$

3 $I = 5\,\mathrm{A}$, $\cos\varphi = 0.8$, $P = 480\,\mathrm{W}$

ステップ　3

1 $\cos\varphi = 0.6$, $P_s = 1\,\mathrm{kV\cdot A}$, $P = 600\,\mathrm{W}$,

$P_q = 800\,\mathrm{var}$

2 $R = 8\,\Omega$, $X_L = 6\,\Omega$

電気回路（上）トレーニングノート

ⓒKato, Yamamoto, Kamiya, Okayasu, Kakumu, Hisanaga, Matsumura 2021

2021 年 9 月 30 日　初版第 1 刷発行

検印省略

| 編 著 者 | 加山　神岡　各久松
 かやま　かみおか　かくひさまつ | 藤本　谷安　務永村
 とうもと　ややす　ながむら | 修智　弘茂　友記照
 しゅうち　ひろしげ　とものりしょう | 司也　一利　浩央司
 じなり　かずとし　ひろひさじ |

編　著　者　加　山　神　岡　各　久　松

著　　　者

発　行　者　株式会社　コ ロ ナ 社
代　表　者　牛来真也

印　刷　所　新日本印刷株式会社
製　本　所　有限会社　愛千製本所

112-0011　東京都文京区千石 4-46-10
発 行 所　株式会社 コ ロ ナ 社
CORONA PUBLISHING CO., LTD.
Tokyo Japan
振替00140-8-14844・電話(03)3941-3131(代)
ホームページ　https://www.coronasha.co.jp

ISBN 978-4-339-00946-0　C3054　Printed in Japan　　　　（柏原）

〈memo〉

〈memo〉

〈memo〉